高等职业教育电子信息类专业系列教材

通信工程设计与施工

罗文兴　编著

机械工业出版社

本书是为了适应当今通信与网络技术发展高度融合，满足当前通信及其网络施工人才紧缺的市场需求而编写的。

本书介绍了通信工程建设标准体系、通信线路工程设计规范，并对网络媒介、设备及其互连进行了解析，然后对 WLAN 工程施工和建设案例进行了分析，对通信基站进行了建设与优化剖析，对通信网工程施工实用技术进行了深入讲解及技术指导。

本书内容丰富、新颖、系统性强，具有相当强的实用性，编写过程中充分结合了通信公司及通信网络外包施工单位的施工经验，让读者掌握通信及网络领域最新的施工规范及实用技术，特别适合作为高职高专通信类教材，也可供从事通信及网络施工的技术人员参考阅读。

为方便教学，本书有电子课件、思考与练习答案、模拟试卷及答案等教学资源，凡选用本书作为授课教材的学校，均可通过电话（010-88379564）或 QQ（2314073523）咨询，有任何技术问题也可通过以上方式联系。

图书在版编目（CIP）数据

通信工程设计与施工/罗文兴编著 . —北京：机械工业出版社，2017. 8
（2024. 4 重印）
高等职业教育电子信息类专业系列教材
ISBN 978-7-111-59139-9

Ⅰ. ①通…　Ⅱ. ①罗…　Ⅲ. ①通信工程-设计-高等职业教育-教材
②通信工程-工程施工-高等职业教育-教材　Ⅳ. ①TN91

中国版本图书馆 CIP 数据核字（2018）第 027234 号

机械工业出版社（北京市百万庄大街 22 号　邮政编码 100037）
策划编辑：曲世海　责任编辑：曲世海　韩　静
责任校对：刘秀芝　封面设计：陈　沛
责任印制：常天培
北京中科印刷有限公司印刷
2024 年 4 月第 1 版第 5 次印刷
184mm×260mm · 14 印张 · 340 千字
标准书号：ISBN 978-7-111-59139-9
定价：45. 00 元

电话服务　　　　　　　　　网络服务
客服电话：010-88361066　　机　工　官　网：www. cmpbook. com
　　　　　010-88379833　　机　工　官　博：weibo. com/cmp1952
　　　　　010-68326294　　金　书　网：www. golden-book. com
封底无防伪标均为盗版　　　机工教育服务网：www. cmpedu. com

前　　言

随着社会进入高速发展的信息化时代，人们的生活和工作方式发生了天翻地覆的变化，这些变化的主导因素是迅速发展的通信与网络技术。现代人在日常生活、工作和学习中离不开无处不在的网络和通信设备，庞大的通信网络为我们的通信终端提供了实时性和可靠性的技术支持，能够满足手机和计算机等通信设备的各种需要，支撑这些终端设备互连互通的关键环节包括有线网络和无线网络等，通信网络的有效施工为这些优质的信息服务提供了全方位保障。

为了让更多的人对通信有更深入的了解，实现对网络的正确认知，满足更多通信爱好者和建设者对通信与组网相关技术学习的需要，编者编写了本书。

通信和网络分不开，要在通信或者网络行业有所发展，就需要了解行业标准体系和设计规范，掌握扎实的通信及网络知识技能。本书对通信工程建设标准体系、通信线路工程设计规范进行了阐述，并对通信网络中常用的网络设备进行了介绍，对网络构建、拓展无线局域网的构建进行了分析，对实际施工进行了案例解析。通信基站是移动通信中不可或缺的中间环节，读者需要对无线通信中的基站进行了解，故本书对通信基站进行了建设与优化，并结合具体施工进行了案例分析，对有线网络的构建及通信施工过程中比较实用的技术进行了深入的讲解。本书图文并茂，将大量的案例分析融入到教材之中，让学习过程不再枯燥。

本书依托编者近20年的通信及网络一线教学实践经验编写而成，编者在教学与实践中与通信及网络公司保持良好的合作，并参与了校内及校外部分通信网络项目的施工，积攒了宝贵的经验和丰富的经历。这就为本书内容保持通信中的先进性、可操作性、规范性提供了保障。

本书由罗文兴编著。本书在编写过程中得到了中国移动公司黔东南分公司谢德辉、吴绍宇、秦浩等专家和工程技术人员的协助与支持，他们提供了大量的实用技术指导，同时得到了华中师范大学教育信息技术学院刘清堂教授、国家数字化学习工程技术研究中心余新国教授的大力支持与指导。黔南民族师范学院的刘海民院长、杨洁主任提供了大量的协助，文有美在文字的录入、内容的校对等方面做了大量工作，陈子健老师也做了一定工作，在此一并感谢。

鉴于编者水平有限，加之通信与网络新技术发展日新月异，书中难免有不妥之处，欢迎广大读者提出宝贵的意见和建议，编者一定及时修订，更好地服务广大读者。

编　者

目　　录

第1章　通信工程建设标准体系

随着我国现代化进程的飞速发展和通信工程建设投资力度的不断增大，如何保证工程建设决策的科学性，确保工程建设质量和投资使用效益，实施有效的宏观指导和调控，已成为亟待研究和解决的重要问题。通信工程建设标准在建设投资宏观调控、科学决策，以及规范建设行为、合理利用资源、安全生产、保障工程质量和网络质量、保护环境等方面都起着非常重要的作用。

通信工程建设标准是为通信工程项目合理确定建设水平和科学决策的统一标准，是编制、评估和审批工程项目可行性研究报告的重要依据，也是政府部门对工程建设全过程实施审查、监督的重要依据。通信行业标准目录（12项）见表1-1。

表1-1　通信行业标准目录（12项）

序号	标准编号	标准名称	代替/废止	实施日期
1	YD 5054—2010	通信建筑抗震设防分类标准	YD 5054—2005	2010-10-01
2	YD 5060—2010	通信设备安装抗震设计图集	YD 5060—1998	2010-10-01
3	YD 5190—2010	移动通信网直放站设备抗地震性能检测规范		2010-10-01
4	YD 5102—2010	通信线路工程设计规范	YD 5102—2005 YD 5137—2005 YD 5025—2005	2010-10-01
5	YD 5121—2010	通信线路工程验收规范	YD 5121—2005 YD 5138—2005 YD 5043—2005	2010-10-01
6	YD 5187—2010	第三代数字蜂窝移动通信网工程施工监理暂行规定		2010-10-01
7	YD 5188—2010	公用计算机互联网工程施工监理暂行规定		2010-10-01
8	YD 5123—2010	通信线路工程施工监理规范	YD/T 5123—2005	2010-10-01
9	YD 5189—2010	长途通信光缆塑料管道工程施工监理暂行规定		2010-10-01
10	YD/T 5186—2010	通信系统用室外机柜安装设计规定		2010-10-01
11	YD/T 5185—2010	IP多媒体子系统（IMS）核心网工程设计暂行规定		2010-10-01
12	YD 5183—2010	通信工程建设标准体系		2010-10-01

1.1　总则

1）本标准体系是根据《中华人民共和国标准化法》、GB/T 13016—2009《标准体系表编制原则和要求》及其他相关法律、法规和技术标准的要求，参考现行通信工程建设标准主要架构而制定的。

2）本标准体系涵盖了通信工程建设过程中的设计、施工、监理、验收等相关行业标准，既包括现行通信工程建设标准，也包括今后一段时期内通信工程建设需要补充的标准。本标准体系是通信工程建设标准制定和修订工作的重要依据。

3）本标准体系的编制应门类齐全、分类科学、层次清晰、结构合理，全面反映通信行业对工程建设标准的要求，并为今后的发展留有余地。

4）列入本标准体系的通信工程建设标准应适应通信工程建设发展的需要，具有一定的前瞻性，并定期进行滚动修订。

5）本标准体系内各标准间应协调、统一，突出通信行业的特点，数量少而精。

1.2　术语和符号

1. 基础标准

通信工程建设标准中使用的名词术语、图形符号等基础要素类标准。

2. 通用标准

适用于多个通信专业的相关通信工程建设标准。

3. 专用标准

适用于某一通信专业的相关通信工程建设标准。

1.3　通信工程建设标准体系结构

1.3.1　标准体系三层树形结构

1）本标准体系采用三层树形结构，如图1-1所示。

2）按照原建设部《工程建设标准体系》框架要求，本标准体系由基础标准、通用标准和专用标准三部分构成，相应的序号如图1-1所示。

3）基础标准主要包括通信工程建设标准中使用的名词术语、图形符号等标准，相应的序号如图1-1所示。

4）通用标准主要包括通信工程建设中的设备安装、安全防护、环境保护、节能减排、共享共建、抗震检测和图集等相关标准，相应的序号如图1-1所示。

5）专用标准主要包括各类通信专业工程的相关建设标准。通信工程的专业划分主要包括有线传输设备、无线传输、交换数据、通信线路、通信电源、通信建筑等，相应的序号如图1-1所示。

6）各类通信专业工程的相关建设标准划分为工程设计规范、工程验收规范、工程监理规范三种类型，相应的序号如图1-1所示。

1.3.2　标准编号

通信工程建设标准的标准编号由通信行业标准代号、标准发布顺序号和标准发布年号组成，具体格式如图1-2所示。

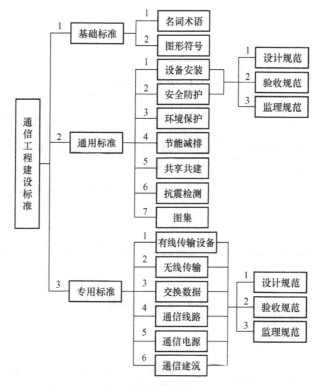

图 1-1　通信工程建设标准体系结构示意图

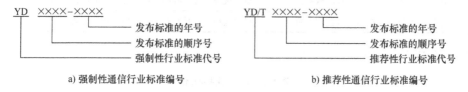

a) 强制性通信行业标准编号　　　　　　　　b) 推荐性通信行业标准编号

图 1-2　标准编号

1.4　通信工程建设标准体系表

1.4.1　基础标准

1) 名词术语标准应参照表 1-2。

表 1-2　名词术语标准

序号	标准名称	主要内容
1	通信工程名词与术语	通信工程中各类专业都要使用的名词和术语

2) 图形符号标准应参照表 1-3。

表 1-3　图形符号标准

序号	标准名称	主要内容
1	通信工程制图与图形符号规定	通信工程使用的图形符号及绘制要求

1.4.2　通用标准

1) 设备安装标准应参照表1-4。

表1-4　设备安装标准

序号	标准名称	主要内容
1	通信设备安装工程	
1.1	通信设备安装工程设计规范	设备排列（布置）、机架安装、线缆布放、电源及接地等设计要求
1.2	通信设备安装工程验收规范	设备排列（布置）、机架安装、线缆布放、电源及接地等验收要求
1.3	通信设备安装工程监理规范	施工准备阶段、施工阶段、保修阶段的监理工作要求，包括设备安装及测试质量控制、进度控制、造价控制、合同管理、资料管理、安全监督管理、设备排列（布置）、机架安装、线缆布放、电源及接地等监理要求

2) 安全防护标准应参照表1-5。

表1-5　安全防护标准

序号	标准名称	主要内容
1	通信工程防雷与接地工程	
1.1	通信工程防雷与接地工程设计规范	通信建筑防雷与接地的设计原则、防雷设计、接地设计、雷电过电压保护设计等
1.2	通信工程防雷与接地工程验收规范	材料选择、施工程序、施工方法、验收内容等
1.3	通信工程防雷与接地工程监理规范	材料选择、机具检查、各种质量控制点等

3) 环境保护标准应参照表1-6。

表1-6　环境保护标准

序号	标准名称	主要内容
1	通信工程建设环境保护技术规定	环境影响评价及验收、电磁辐射保护、生态环境保护、噪声控制、废旧物品回收处置、清洁生产等技术要求

4) 节能减排标准应参照表1-7。

表1-7　节能减排标准

序号	标准名称	主要内容
1	通信工程节能技术规定	通信局（站）、通信电源、通信设备节能方面的相关技术要求

5) 共享共建标准应参照表1-8。

表1-8　共享共建标准

序号	标准名称	主要内容
1	通信工程共享共建技术规定	通信铁塔、杆路、天面、机房、室内分布系统、基站专用传输线路、电源、管道、光缆等方面共享共建的相关技术要求

6）通信设备抗震检测标准应参照表 1-9。

表 1-9　通信设备抗震检测标准

序号	标 准 名 称	主 要 内 容
1	通信设备抗地震性能检测规范	通信设备的抗震检测步骤、抗震性能测试、震动响应测试、抗震性能考核、抗震性能评估等要求
2	光传输设备抗地震性能检测规范	光传输设备的测试系统组成、技术性能指标、评估标准等
3	移动通信基站设备抗地震性能检测规范	移动通信基站设备的测试系统组成、技术性能指标、评估标准等
4	交换设备抗地震性能检测规范	交换设备的测试系统组成、技术性能指标、评估标准等
5	通信用电源设备抗地震性能检测规范	通信用电源设备的测试系统组成、技术性能指标、评估标准等
6	数字微波设备抗地震性能检测规范	数字微波设备的测试系统组成、技术性能指标、评估标准等
7	服务器网关设备抗地震性能检测规范	服务器网关设备的测试系统组成、技术性能指标、评估标准等
8	接入网设备抗地震性能检测规范	接入网设备的测试系统组成、技术性能指标、评估标准等

7）图集标准应参照表 1-10。

表 1-10　图集标准

序号	标 准 名 称	主 要 内 容
1	通信设备安装抗震设计图集	通信设备安装工程抗震设计所需要的参考图样
2	通信管道横断面图集	通信管道工程设计所需要的管道横断面参考图样
3	通信管道人孔和手孔图集	通信管道人孔和手孔设计所需要的参考图样

1.4.3　专用标准

1）有线传输设备工程标准应参照表 1-11。

表 1-11　有线传输设备工程标准

序号	标 准 名 称	主 要 内 容
1	SDH 光传输工程	
1.1	SDH 光传输工程设计规范	SDH 光缆传输系统的网络组织、通道安排、性能指标、光纤与工作波长选择等
1.2	SDH 光传输工程验收规范	设备安装检查、缆线布放与成端、设备检查和本机测试、系统性能测试和功能检查、工程验收前检查、工程初验、工程试运转、工程终验等
1.3	SDH 光传输工程监理规范	材料检查、机具检查、各种质量控制点等
2	WDM 光传输工程	
2.1	WDM 光传输工程设计规范	WDM 光缆传输系统的网络组织、通道安排、性能指标、光纤与工作波长选择等
2.2	WDM 光传输工程验收规范	设备安装检查、缆线布放与成端、设备检查和本机测试、系统性能测试和功能检查、工程验收前检查、工程初验、工程试运转、工程终验等

（续）

序号	标 准 名 称	主 要 内 容
2.3	WDM 光传输工程监理规范	材料检查、机具检查、各种质量控制点等
3	ASON 光传输工程	
3.1	ASON 光传输工程设计规范	自动交换光网络的网络组织、通道安排、性能指标、光纤与工作波长选择等
3.2	ASON 光传输工程验收规范	设备安装检查、缆线布放与成端、设备检查和本机测试、系统性能测试和功能检查、工程验收前检查、工程初验、工程试运转、工程终验等
3.3	ASON 光传输工程监理规范	材料检查、机具检查、各种质量控制点等
3.4	有线接入网工程设计规范	有线接入网的设计原则、接入方式、接口设计、节点设置、设备配置等
3.5	有线接入网工程验收规范	机房环境和安全检查、设备和器材检验、安装工艺检验、线缆敷设和检验、设备电源和告警功能检查、设备测试、工程验收前检查、工程初验、工程试运转、工程终验等
3.6	有线接入网工程监理规范	材料检查、机具检查、各种质量控制点等
4	通信同步网工程	
4.1	通信同步网工程设计规范	数字同步网和时间同步网的网络组织、节点设置、链路组织、定时基准分配等
4.2	通信同步网工程验收规范	数字同步网和时间同步网工程的设备安装检查、设备检查和本机测试、系统性能测试和功能检查、工程验收前检查、工程初验、工程试运转、工程终验等
4.3	通信同步网工程监理规范	材料检查、机具检查、各种质量控制点等

2）无线传输工程标准应参照表 1-12。

表 1-12　无线传输工程标准

序号	标 准 名 称	主 要 内 容
1	SDH 微波传输工程	
1.1	SDH 微波传输工程设计规范	SDH 微波传输系统的设计原则、系统结构、服务质量指标、路由设计、断面设计、频率配置、干扰协调、站址选择、设备配置等
1.2	SDH 微波传输工程验收规范	工程验收前检查、工程初验、工程试运转、工程终验等
1.3	SDH 微波传输工程监理规范	材料检查、机具检查、各种质量控制点等
2	卫星传输工程	
2.1	卫星传输工程设计规范	国内卫星通信地球站的设计原则、系统结构、服务质量指标、空间链路设计、频率配置、干扰标准、站址选择、设备配置等
2.2	卫星传输工程验收规范	工程验收前检查、工程初验、工程试运转、工程终验等
2.3	卫星传输工程监理规范	材料检查、机具检查、各种质量控制点等

（续）

序号	标准名称	主要内容
3	卫星接入网工程	
3.1	卫星接入网工程设计规范	小型卫星通信地球站的设计原则、网络结构、服务质量指标、空间链路设计、容量设计、频率配置、干扰标准、站址选择、设备配置等
3.2	卫星接入网工程验收规范	工程验收前检查、工程初验、工程试运转、工程终验等
3.3	卫星接入网工程监理规范	材料检查、机具检查、各种质量控制点等
4	TDMA 移动通信接入网工程	
4.1	TDMA 移动通信接入网工程设计规范	TDMA 无线接入网的设计原则、网络结构、服务质量指标、覆盖设计、容量设计、频率配置、干扰协调、站址选择、设备配置等
4.2	TDMA 移动通信接入网工程验收规范	工程验收前检查、工程初验、工程试运转、工程终验等
4.3	TDMA 移动通信接入网工程监理规范	材料检查、机具检查、各种质量控制点等
5	TD-SCDMA 移动通信接入网工程	
5.1	接入网工程设计规范	TD-SCDMA 无线接入网的设计原则、网络结构、服务质量指标、覆盖设计、容量设计、频率配置、干扰协调、站址选择、设备配置等
5.2	TD-SCDMA 移动通信接入网工程验收规范	工程验收前检查、工程初验、工程试运转、工程终验等
5.3	TD-SCDMA 移动通信接入网工程监理规范	材料检查、机具检查、各种质量控制点等
6	WCDMA 移动通信接入网工程	
6.1	WCDMA 移动通信接入网工程设计规范	WCDMA 无线接入网的设计原则、网络结构、服务质量指标、覆盖设计、容量设计、频率配置、干扰协调、站址选择、设备配置等
6.2	WCDMA 移动通信接入网工程验收规范	工程验收前检查、工程初验、工程试运转、工程终验等
6.3	WCDMA 移动通信接入网工程监理规范	材料检查、机具检查、各种质量控制点等
7	CDMA2000 移动通信接入网工程	
7.1	CDMA2000 移动通信接入网工程设计规范	CDMA2000 无线接入网的设计原则、网络结构、服务质量指标、覆盖设计、容量设计、频率配置、干扰协调、站址选择、设备配置等
7.2	CDMA2000 移动通信接入网工程验收规范	工程验收前检查、工程初验、工程试运转、工程终验等
7.3	CDMA2000 移动通信接入网工程监理规范	材料检查、机具检查、各种质量控制点等
8	移动通信直放站工程	
8.1	移动通信直放站工程设计规范	移动通信直放站的服务质量指标、无线覆盖设计、天馈线设计、站址选择等
8.2	移动通信直放站工程验收规范	工程验收前检查、工程初验、工程试运转、工程终验等
8.3	移动通信直放站工程监理规范	材料检查、机具检查、各种质量控制点等
9	无线通信系统室内覆盖工程	
9.1	无线通信系统室内覆盖工程设计规范	无线室内覆盖系统的设计原则、信号源设计、分布设计、链路分析、干扰协调、站址选择等

（续）

序号	标 准 名 称	主 要 内 容
9.2	无线通信系统室内覆盖工程验收规范	工程验收前检查、工程初验、工程试转、工程终验等
9.3	无线通信系统室内覆盖工程监理规范	材料检查、机具检查、各种质量控制点等
10	3.5GHz 接入网工程	
10.1	3.5GHz 接入网工程设计规范	3.5GHz 固定无线接入系统的设计原则、网络结构、服务质量指标、覆盖设计、容量设计、频率配置、干扰协调、站址选择、设备配置等
10.2	3.5GHz 接入网工程验收规范	工程验收前检查、工程初验、工程试运转、工程终验等
10.3	3.5GHz 接入网工程监理规范	材料检查、机具检查、各种质量控制点等
11	LMDS 接入网工程	
11.1	LMDS 接入网工程设计规范	LMDS 接入网的设计原则、网络结构、服务质量指标、覆盖设计、容量设计、频率配置、干扰协调、站址选择、设备配置等
11.2	LMDS 接入网工程验收规范	工程验收前检查、工程初验、工程试运转、工程终验等
11.3	LMDS 接入网工程监理规范	材料检查、机具检查、各种质量控制点等
12	数字集群通信工程	
12.1	数字集群通信工程设计规范	数字集群通信系统的设计原则、网络结构、服务质量指标、覆盖设计、容量设计、频率配置、干扰协调、站址选择、设备配置等
12.2	数字集群通信工程验收规范	工程验收前检查、工程初验、工程试运转、工程终验等
12.3	数字集群通信工程监理规范	材料检查、机具检查、各种质量控制点等
13	移动通信应急车载系统工程	
13.1	移动通信应急车载系统工程设计规范	应急通信业务系统的设计原则、系统结构、容量设计、设备配置等
13.2	移动通信应急车载系统工程验收规范	工程验收前检查、工程初验、工程试运转、工程终验等
13.3	移动通信应急车载系统工程监理规范	材料检查、机具检查、各种质量控制点等

3）交换与数据工程标准应参照表 1-13。

表 1-13　交换与数据工程标准

序号	标 准 名 称	主 要 内 容
1	IP 网工程	
1.1	IP 网工程设计规范	IP 网的网络结构、网络组织、路由策略、网间互联、服务质量、网络管理、设备配置等
1.2	IP 网工程验收规范	工程验收前检查、工程初验、工程试转、工程终验等
1.3	IP 网工程监理规范	材料检查、机具检查、各种质量控制点等
2	ATM 网工程	
2.1	ATM 网工程设计规范	ATM 网的网络结构、网络组织、接口要求、编号方案、网络管理、设备配置等
2.2	ATM 网工程验收规范	工程验收前检查、工程初验、工程试运转、工程终验等
2.3	ATM 网工程监理规范	材料检查、机具检查、各种质量控制点等

（续）

序号	标准名称	主要内容
3	NO.7 信令网工程	
3.1	NO.7 信令网工程设计规范	NO.7 信令网的网络结构、路由组织、编号方式、链路设置、网络管理、设备配置等
3.2	NO.7 信令网工程验收规范	工程验收前检查、工程初验、工程试运转、工程终验等
3.3	NO.7 信令网工程监理规范	材料检查、机具检查、各种质量控制点等
4	固定电话交换网工程	
4.1	同定电话交换网工程设计规范	固定电话网的网络结构、路由组织、编号方式、电路计算、网络管理、设备配置等
4.2	固定电话交换网工程验收规范	工程验收前检查、工程初验、工程试运转、工程终验等
4.3	固定电话交换网工程监理规范	材料检查、机具检查、各种质量控制点等
5	TDMA 移动通信核心网工程	
5.1	TDMA 移动通信核心网工程设计规范	TDMA 移动通信核心网的网络结构、路由组织、编号方式、电路计算、网络管理、设备配置等
5.2	TDMA 移动通信核心网工程验收规范	工程验收前检查、工程初验、工程试运转、工程终验等
5.3	TDMA 移动通信核心网工程监理规范	材料检查、机具检查、各种质量控制点等
6	TD‑SCDMA/WCDMA 移动通信核心网工程	
6.1	TD‑SCDMA/WCDMA 移动通信核心网工程设计规范	TD‑SCDMA/WCDMA 电话交换网的网络结构、路由组织、编号方式、电路计算、网络管理、设备配置等
6.2	TD‑SCDMA/WCDMA 移动通信核心网工程验收规范	工程验收前检查、工程初验、工程试运转、工程终验等
6.3	TD‑SCDMA/WCDMA 移动通信核心网工程监理规范	材料检查、机具检查、各种质量控制点等
7	CDMA2000 移动通信核心网工程	
7.1	CDMA2000 移动通信核心网工程设计规范	CDMA2000 电话交换网的网络结构、路由组织、编号方式、电路计算、网络管理、设备配置等
7.2	CDMA2000 移动通信核心网工程验收规范	工程验收前检查、工程初验、工程试运转、工程终验等
7.3	CDMA2000 移动通信核心网工程监理规范	材料检查、机具检查、各种质量控制点等
8	固定软交换工程	
8.1	固定软交换工程设计规范	固定软交换系统的系统组织、容量计算、计费方式、系统管理、设备配置等
8.2	固定软交换工程验收规范	工程验收前检查、工程初验、工程试运转、工程终验等
8.3	固定软交换工程监理规范	材料检查、机具检查、各种质量控制点等

（续）

序号	标 准 名 称	主 要 内 容
9	移动智能网工程	
9.1	移动智能网工程设计规范	移动智能网的系统组织、容量计算、计费方式、系统管理、设备配置等
9.2	移动智能网工程验收规范	工程验收前检查、工程初验、工程试运转、工程终验等
9.3	移动智能网工程监理规范	材料检查、机具检查、各种质量控制点等
10	固定智能网工程	
10.1	固定智能网工程设计规范	固定智能网的系统组织、容量计算、计费方式、系统管理、设备配置等
10.2	固定智能网工程验收规范	工程验收前检查、工程初验、工程试运转、工程终验等
10.3	固定智能网工程监理规范	材料检查、机具检查、各种质量控制点等
11	IMS 工程	
11.1	IMS 工程设计规范	IMS 的系统组织、容量计算、计费方式、系统管理、设备配置等
11.2	IMS 工程验收规范	工程验收前检查、工程初验、工程试运转、工程终验等
11.3	IMS 工程监理规范	材料检查、机具检查、各种质量控制点等

4）通信线路工程标准应参照表1-14。

表1-14　通信线路工程标准

序号	标 准 名 称	主 要 内 容
1	通信线路工程	
1.1	通信线路工程设计规范	通信线路的路由组织、容量规划、敷设方式、站址选择、线路防护与维护等
1.2	通信线路工程验收规范	器材检查、路由验收、敷设验收、接续验收、中继段测试等
1.3	通信线路工程监理规范	器材到货检查、路由检查、敷设检查、接续、中继段测试等
2	通信海缆线路工程	
2.1	通信海缆线路工程设计规范	海底光缆线路的路由组织、容量规划、敷设方式、站址选择、线路防护与维护等
2.2	通信海缆线路工程验收规范	器材检查、路由验收、敷设验收、接续验收、中继段测试等
2.3	通信海缆线路工程监理规范	器材到货检查、路由检查、敷设检查、接续、中继段测试等
3	通信管道与通道工程	
3.1	通信管道与通道工程设计规范	通信管道与通道的规划原则、路由组织、容量计算、材料选择等
3.2	通信管道与通道工程验收规范	器材检验、路由复测、土方工程、管道敷设、人孔安装、管道防护等
3.3	通信管道与通道工程监理规范	原材料检查、机具检查、各种质量控制点等

5）通信电源工程标准应参照表 1-15。

表 1-15　通信电源工程标准

序号	标准名称	主要内容
1	通信电源设备安装工程	
1.1	通信电源设备安装工程设计规范	市电分类及供电、供电系统设计、设备配置、导线选择及布放等
1.2	通信电源设备安装工程验收规范	环境检查、配电设备安装、蓄电池安装、电力线安装、接地安装等
1.3	通信电源设备安装工程监理规范	材料检查、机具检查、各种质量控制点等

6）通信建筑工程标准应参照表 1-16。

表 1-16　通信建筑工程标准

序号	标准名称	主要内容
1	通信建筑工程	
1.1	通信建筑工程设计规范	抗震设防类别、抗震设防标准、防火等级、防火材料选择、站址选择、建筑设计、结构设计、采暖设计、空调设计、通风设计、给水设计、排水设计、消防设计、电气设计等
1.2	通信建筑工程验收规范	材料选择、施工程序、施工方法等
1.3	通信建筑工程监理规范	材料检查、机具检查、各种质量控制点等
2	通信钢塔桅工程	
2.1	通信钢塔桅工程设计规范	通信钢塔桅结构的设计原则、材料选择、结构计算、构件连接、地基计算等
2.2	通信钢塔桅工程验收规范	原材料进场、部件焊接、构件加工、防腐处理、结构安装等
2.3	通信钢塔桅工程监理规范	材料检查、机具检查、各种质量控制点等
3	综合布线工程	
3.1	综合布线工程设计规范	配线部件安装、桥架与槽道安装、缆线布放、缆线终端安装设计等
3.2	综合布线工程验收规范	器材检查、配线部件验收、敷设验收、缆线终端验收、系统测试等
3.3	综合布线工程监理规范	器材到货检查、配线部件安装、桥架与槽道安装、缆线布放、缆线终端安装监理等

思考与练习

1. 通信设备安装工程验收规范包括哪些主要内容？
2. 移动通信应急车载系统工程验收规范包括哪些主要内容？
3. 固定电话交换网工程验收规范包括哪些主要内容？
4. 通信线路工程设计规范包括哪些主要内容？
5. 通信电源设备安装工程设计规范包括哪些主要内容？

第2章 通信线路工程设计规范

2.1 总则

1）本规范适用于新建陆地通信传输系统的线路工程设计，改建、扩建及其他类似线路工程可参照执行。

2）工程设计必须遵守相关法律法规，贯彻国家基本建设方针政策，合理利用资源，节约建设用地，重视历史文物、自然环境和景观的保护。

3）新建、扩建和改建光缆、管道、杆路等电信基础设施时，应贯彻执行工业和信息化部、国务院国有资产监督管理委员会联合发布的《关于推进电信基础设施共建共享的紧急通知》，大力推进不同电信运营企业间的统筹规划、联合建设、资源共享。

4）电信基本建设中涉及国防安全的，应执行原信息产业部颁发的《电信基本建设贯彻国防要求技术规定》。

5）工程设计必须保证通信网的整体通信质量，做到技术先进、经济合理、安全可靠。设计中应当进行多方案比较，努力提高经济效益，降低工程造价。

6）工程设计应与通信发展规划相结合，合理利用已有网络设施和装备器材。建设方案、技术方案、设备选型应以网络发展规划为依据，充分考虑中远期发展。

7）工程设计中采用的电信设备应取得工业和信息化部（含原信息产业部）颁发的电信设备入网许可证。未取得入网许可证的设备不得在工程中使用。

8）在我国抗震设防烈度7度以上（含7烈度）地区的公用电信网中使用的交换类、传输类、接入类、服务器网关类、移动基站类、通信电源类等主要电信设备，应取得工业和信息化部（含原信息产业部）电信设备抗地震性能检测合格证，未取得合格证的不得在工程中使用。

9）在执行本规范与国家标准或规范不一致时，应按国家标准或规范的相关规定办理。

10）在特殊情况下执行本规范个别条款有困难时，设计中应充分阐述理由，并提交采取相应措施的报告，呈主管部门审批。

2.2 术语和符号

术语和符号对照表见表2-1。

表2-1 术语和符号对照表

英文缩写	英文全称	中文名称
ADSS	All Dielectric Self Supporting	全介质自承光缆
CPN	Customer Premises Network	用户驻地网
DP	Distribution Point	分配点

（续）

英文缩写	英文全称	中文名称
FP	Flexible Point	灵活点
MDF	Main Distribution Frame	（电缆）主配线架
ODF	Optical Distribution Frame	光纤分配架
OPGW	Optical Fiber Composite Overhead Ground Wire	光纤复合架空地线
PMD	Polarization Mode Dispersion	偏振模色散
SN	Service Node	业务节点

2.3　通信线路网

2.3.1　通信线路网的构成

1）通信线路网应包括长途线路、本地线路和接入线路。

2）长途线路是连接长途节点与长途节点之间的通信线路。长途线路网是由连接多个长途交换节点的长途线路形成的网络，为长途节点提供传输通道。

3）本地线路是连接本地节点（业务节点）与本地节点、本地节点与长途节点之间的通信线路（中继线路）。本地网光缆线路是一个本地（城域）交换区域内的光缆线路，提供业务节点之间、业务节点与长途节点之间的光纤通道。

4）接入线路是连接本地节点（业务节点）与通道终端（用户终端）之间的通信线路。接入网线路是提供业务节点与用户终端之间的传输通道，包括光缆线路和电缆线路。

2.3.2　通信线路网的设计

1）通信线路网包括光缆线路网及电缆线路网两部分。

① 光缆线路网是指局站内光缆终端设备到相邻局站的光缆终端设备之间的光缆径由，由光缆、管道、杆路和光纤连接及分歧设备构成。

② 电缆线路网是指局站内电缆配线架到用户侧终端设备之间的电缆径由，由主干电缆、配线电缆和用户引入线以及电缆线路的管道、杆路和分线设备、交接设备构成。

2）光缆线路网的设计应符合以下原则。

① 光缆线路网应安全可靠，向下逐步延伸至通信业务最终用户。

② 对于光缆线路网的容量和路由，在通信发展规划的基础上，综合考虑远期业务需求和网络技术发展趋势，确定其建设规模。

③ 对同一路由上的光缆容量应综合考虑，不宜分散设置多条小芯数光缆。原来有多条小芯数光缆时，也不宜再增加新的小芯数光缆。

④ 干线光缆芯数按远期需求取定，本地网和接入网按中期需求配置，并留有足够冗余。

⑤ 新建光（电）缆线路时，应考虑共建共享的各电信运营企业的容量需求。

3）光缆线路在野外非城镇地段敷设时，应以采用管道或直埋方式为主，其中省内长途光缆线路和本地光缆线路也可采用架空方式。

4）光缆线路在城镇地段敷设时，应以采用管道方式为主。对不具备管道敷设条件的地段，可采用简易塑料管道、槽道或其他适宜的敷设方式。

5）光缆线路在下列情况下可采用局部架空敷设方式。

① 只能穿越峡谷、深沟、陡峻山岭等采用管道或直埋敷设方式不能保证安全的地段。

② 地下或地面存在其他设施，施工特别困难、原有设施业主不允许穿越或赔补费用过高的地段。

③ 因环境保护、文物保护等原因无法采用其他敷设方式的地段。

④ 受其他建设规划影响，无法进行长期性建设的地段。

⑤ 地表下陷、地质环境不稳定的地段。

⑥ 管道或直埋方式的建设费用过高，且架空方式不影响当地景观和自然环境的地段。

6）在长距离直埋光缆的局部地段采用架空方式时，可不改变光缆程式。

7）跨越河流的光缆线路，宜采用桥上管道、槽道或吊挂敷设方式；无法利用桥梁通过时，其敷设方式应以线路安全稳固为前提，并结合现场情况按下列原则确定。

① 河床情况适宜的一般河流可采用定向钻孔或水底光缆的敷设方式。采用定向钻孔时，根据实际情况可不改变光缆护层结构。

② 遇有河床不稳定、冲淤变化较大、河道内有其他建设规划，或河床土质不利于施工、无法保障水底光缆安全时，可采用架空跨越方式。

8）应在分析用户发展数量、地域和时间的基础上，通过选择不同配线方式、路由、网络拓扑建筑方式等技术措施，使接入光缆网构成一个调度灵活、纤芯使用率高、投资节省、便于发展、利于运营维护的网络。

9）接入网光缆线路可参照电缆交接配线方式进行建设，交接区的划分应充分考虑光纤接入技术的发展。

10）电缆线路网建设应在不断适应局内交换设备容量的情况下，根据用户需求范围，按电缆出局方向、电缆路由或配线区，分期分批地逐步建成。

11）电缆线路网的设计应符合以下原则。

① 对于电缆线路网的容量和路由，在通信发展规划的基础上，考虑满足相应年限的需要，并与已建和后续工程相结合确定。

② 要考虑电缆线路网的整体性，积极采用新技术、新设备，满足业务的发展和用户的变动，达到安全灵活、经济节约。

③ 城区内优先选择管道敷设方式，并逐步实现电缆线路网的隐蔽入地，不破坏自然环境和景观。

12）原有的电缆拆移，仅在确有新增业务需求且无法通过调剂现有网路解决时才可进行。

13）同一路由上的电缆容量应综合考虑，不宜分散设置多条小对数电缆。原有多条小对数电缆时，也不宜再增加新的小对数电缆。

14）用户主干电缆设计，应在分析用户发展数量、地域和时间的基础上，通过选择不同配线方式、路由、对数、芯线递减点和建筑方式等技术措施，使主干电缆构成一个调度灵活、芯线使用率高、投资节省、便于发展、利于运营维护的网络。

15）电缆线路网的配线方式应以交接配线为主，辅以直通配线和自由配线，不宜采用复接配线。交接配线宜采用一级交接配线及固定交接区。在局站周围 500m 范围内的直接服务区，可采用直通配线或自由配线，其中自由配线方式用于全色谱全塑电缆的配线线路。对于原有电缆线路，如不需要过多调整改造时，可维持其原有的配线方式不变。

16）主干电缆不宜进行复接。采用交接配线方式的配线电缆也不宜进行复接。

17）设计用户电缆线路网时，各段落的电缆芯线设计使用率应符合表 2-2 的规定。

表 2-2　工程设计电缆芯线使用率

电缆敷设段落	芯线使用率（%）
电话交换局—交换箱	85～90
交换箱—不复接的终端配线设备	50～70
电话交换局—终端配线设备	40～60

18）电缆不宜递减过频。对于下列情况不宜递减。

① 扩建困难的地区。

② 未来有发展可能，要求线路设备具有灵活性的地区。

③ 管道管孔紧张的地段。

19）分线设备容量可按满足年限内所收容的用户数的 1.2～1.5 倍配置，结合分线设备的标称系列选用。

20）交接区的划分应以自然地理条件为主，并根据所收容的用户数，按照远近期结合、技术经济合理的原则，结合城市规划的居住小区、街坊划分，也可结合原有交接区或配线区、配线电缆的分布和路由走向，根据用户的发展合理划分、分割或合并。交接区划定后应保持稳定。交接区范围不宜过大，以缩短配线电缆长度。

21）电缆线序的排列和分线设备的编排应由远而近、由小到大编排。

22）对原有线路设备的利用应符合下列原则。

① 管道式电缆不宜抽换。只有在管孔拥塞无法增设电缆且无法扩充管道时，或技术经济方面不合理时，才可将原有小对数电缆抽换为大对数电缆或光缆。

② 架空配线电缆及其他线路设备应尽量减少拆换，充分利用。

2.4　光（电）缆及终端设备的选择

2.4.1　选择原则

1）光传输网中应使用单模光纤。光纤的选择必须符合国家及行业标准和 ITU - T 相关建议的要求。

2）光缆中光纤数量的配置应充分考虑到网络冗余要求、未来预期系统制式、传输系统数量、网络可靠性、新业务发展、光缆结构和光纤资源共享等因素。

3）光缆中的光纤应通过不小于 0.69GPa 的全程张力筛选，光纤类型根据应用场合按下列原则选取。

① 长途网光缆宜采用 G. 652 或 G. 655 光纤。

② 本地网光缆宜采用 G. 652 光纤。

③ 接入网光缆宜采用 G. 652 光纤，当需要抗微弯光纤光缆时，宜采用 G. 657A 光纤。

4）电缆的容量应根据用户的分布及需求，结合电缆芯数系列，在充分提高芯线使用率的基础上，选用适当容量的电缆。

5）电缆线路网中的管道主干电缆应采用大对数电缆，以提高管道管孔的含线率。

6）电缆线径应考虑统一环路设计，基本线径应采用 0.4mm，特殊情况下可采用 0.6mm。

2.4.2　光缆的选择

1）光缆结构宜使用松套填充型或其他更为优良的方式。同一条光缆内应采用同一类型的光纤，不应混纤。

2）光缆线路应采用无金属线对的光缆。根据工程需要，在雷害或强电危害严重地段可选用非金属构件的光缆，在蚁害严重地段可选用防蚁光缆。

3）光缆护层结构应根据敷设地段的环境、敷设方式和保护措施确定。光缆护层结构的选择应符合下列规定。

① 直埋光缆：PE 内护层 + 防潮铠装层 + PE 外护层，或防潮层 + PE 内护层 + 铠装层 + PE 外护层，宜选用 GYTA53、GYTA33、GYTS、GYTY53 等结构。

② 采用管道或硅芯管保护的光缆：防潮层 + PE 外护层，宜选用 GYTA、GYTS、GY-TY53、GYFTY 等结构。

③ 架空光缆：防潮层 + PE 外护层，宜选用 GYTA、GYTS、GYTY53、GYFTY、ADSS、OPGW 等结构。

④ 水底光缆：防潮层 + PE 内护层 + 钢丝铠装层 + PE 外护层，宜选用 GYTA33、GY-TA333、GYTS333、GYTS43 等结构。

⑤ 局内光缆：非延燃材料外护层。

⑥ 防蚁光缆：直埋光缆结构 + 防蚁外护层。

4）光缆的机械性能应符合表 2-3 的规定。光缆在承受短期允许拉伸力和压扁力时，光纤附加衰减应小于 0.1dB，应变小于 0.1%，拉伸力和压扁力解除后光纤应无明显残余附加衰减和应变，光缆也应无明显残余应变，护套应无肉眼可见开裂。光缆在承受长期允许拉伸力和压扁力时，光纤应无明显的附加衰减和应变。

表 2-3　光缆允许拉伸力和压扁力的机械性能

光 缆 类 型	允许拉伸力/N		允许压扁力/（N/100mm）	
	短期	长期	短期	长期
管道和非自承架空	1500	600	1000	300
直埋	3000	1000	3000	1000
特殊直埋	10000	4000	5000	3000
水下（20000N）	20000	10000	5000	3000
水下（40000N）	40000	20000	8000	5000

2.4.3　电缆的选择

1）电缆的选择可对照表2-4，结合工程条件和使用场合综合选定，并应符合以下要求。

① 根据使用要求选择芯线绝缘层程式，绝缘层的电气性能和物理机械性能应符合规定。

② 根据电缆敷设方式、敷设场所和环境条件，选用全塑电缆时，电缆护套应采用铝塑综合护套；室内成端电缆和室内配线电缆必须采用非延燃型电缆。

③ 管道电缆的外径应适于敷设在管孔内。

④ 全塑电缆的工作环境温度为 −30 ~ +60℃，超出规定的温度范围时，应根据工作环境要求进行特殊选择。

表 2-4　各种主要型号电缆的使用场合

电缆类型	无外护层电缆	自承式	有外保护层电缆				
			单层钢带纵包	双层钢带纵包	双层钢带绕包	单层细钢丝绕包	单层粗钢丝绕包
电缆型号代号	HYA	HYAC					
	HYFA						
	HYPA						
	HYAT	HYAT53	HYAT553	HYAT23	HYAT33	HYAT43
	HYFAT		HYFAT53	HYFAT553	HYFAT23		
	HYPAT		HYPAT53	HYPAT553	HYPAT23		
主要使用场合	管道架空	架空	埋式	埋式	埋式	水下	水下

2）工程设计中采用的电缆品种型号不宜过多。

3）结合原有电缆网的条件及本地区实际情况，新设电缆线路应全部选用全塑电缆，地下管道电线宜选用充气型，埋式和配线管道电缆可选用填充型。

4）架空电缆不宜超过 400 对。容量在 400 对及以上的大对数电缆，以及较重要或有特殊要求的电缆应采用地下敷设方式。

5）地下敷设方式可采用塑料外护套电缆在管道内敷设，一个管孔中宜穿放一条电缆。当仅需一条容量在 400 对以下的电缆且不具备建筑管道条件时，可采用埋式敷设，也可根据实际情况采用暗渠或加管保护的敷设方式。

6）配线电缆可视工程具体情况采用街坊配线、沿街配线或室内配线方式，并应逐步纳入驻地网建设和城市建设规划。配线电缆宜采用管道敷设方式。

7）局内电缆应采用非延燃型电缆。

8）非填充型主干电缆应采用充气维护，装设气压监测系统。气压监测信号器应装于电缆套管内。

2.4.4　终端设备的选择

1）光缆终端用 ODF 应满足以下要求。

① 光配线架应符合 YD/T 778—2011《光纤分配架》的有关规定。

② 机房内原有 ODF 空余容量能够满足需要时，可不配置新的 ODF。

③ 新配置的 ODF 容量应与引入光缆的终端需求相适应，外形尺寸、颜色应与机房原有设备一致。

④ ODF 内光缆金属加强芯固定装置应与 ODF 绝缘。

⑤ 光纤终接装置的容量应与光缆的纤芯数相匹配，盘纤盒应有足够的盘绕半径和容积，以便于光纤盘留。

2）配置光缆交接箱应满足以下要求。

① 应符合 YD/T 988—2015《通信光缆交接箱》的有关规定。

② 应具有光缆固定与保护功能、纤芯终接与调度功能。

③ 新配置交接箱容量应按规划期末的最大需求进行配置，参照交接箱常用容量系列选定。

④ 交接箱颜色和标识应符合电信业务经营者的要求。

⑤ 光纤终接装置的容量应与光缆的纤芯数相匹配，盘纤盒应有足够的盘绕半径，便于光纤盘留。

2.5　通信线路路由的选择

2.5.1　路由选择的一般原则

1）线路路由方案的选择，应以工程设计委托书和通信网络规划为基础，进行多方案比较。工程设计必须保证通信质量，使线路安全可靠、经济合理，且便于施工、维护。

2）选择线路路由时，应以现有的地形地物、建筑设施和既定的建设规划为主要依据，并应充分考虑城市和工矿建设、铁路、公路、航运、水利、长输管道、土地利用等有关部门发展规划的影响。

3）在符合大的路由走向的前提下，线路宜沿靠公路或街道选择，但应顺路取直，避开路边设施和计划扩改地段。

4）通信线路路由选择应考虑建设地域内的文物保护、环境保护等事宜，减少对原有水系及地面形态的扰动和破坏，维护原有景观。

5）通信线路路由选择应考虑强电影响，不宜选择在易遭受雷击、化学腐蚀和机械损伤的地段，不宜与电气化铁路、高压输电线路和其他电磁干扰源长距离平行或过分接近。

6）扩建光（电）缆网络时，应结合网络系统的整体性，优先考虑在不同道路上扩增新路由，以增强网络安全。

2.5.2　光缆路由的选择

1）线路路由应选择在地质稳固、地势较为平坦的地段，尽量减少翻山越岭，并避开可能因自然或人为因素造成危害的地段。

2）光缆路由宜选择在地势变化不剧烈、土石方工程量较少的地方，避开滑坡、崩塌、泥石流、采空区及岩溶地表塌陷、地面沉降、地裂缝、地震液化、沙埋、风蚀、盐渍土、湿陷性黄土、崩岸等对线路安全有危害的地方。应避开湖泊、沼泽、排涝蓄洪地带，尽量少穿越水塘、沟渠，在障碍较多的地段应合理绕行，不宜强求长距离直线。

3）光缆路由穿越河流，当过河地点附近存在可供敷设的永久性坚固桥梁时，线路宜在桥上通过。采用水底光缆时，应选择在符合敷设水底光缆要求的地方，并应兼顾大的路由走向，不宜偏离过远。但对于河势复杂、水面宽阔或航运繁忙的大型河流，应着重保证安全，此时可局部偏离大的路由走向。

4）在保证安全的前提下，可利用定向钻孔或架空等方式敷设光缆线路过河。

5）光缆线路遇到水库时，应在水库的上游通过，沿库绕行时敷设高度应在最高蓄水位以上。

6）光缆线路不应在水坝上或坝基下敷设，只能在该地段通过时，必须报请工程主管单位和水坝主管单位，批准后方可实施。

7）光缆线路不宜穿过大型工厂和矿区等大的工业用地。必须在该地段通过时，应考虑对线路安全的影响，并采取有效的保护措施。

8）光缆线路在城镇地区，应尽量利用管道进行敷设。在野外敷设时，不宜穿越和靠近城镇和开发区，以及穿越村庄。只能穿越或靠近时，应考虑当地建设规划的影响。

9）光缆线路不宜通过森林、果园及其他经济林区或防护林带；应尽量避开地面建筑设施、电力线缆及无法共享的通信线缆。

2.5.3　电缆路由的选择

1）电缆线路路由的选择，除光缆的路由选择原则外，还应符合城市建设主管部门的相关规定。

2）城区内的电缆路由宜采用管道敷设方式。在城区新建通信管道时，应与相关市政建设和地下管线规划相结合进行，尽量减少对铺装路面的破坏，以及对沿线交通和居民生活的干扰。

3）城区内新建管道的容量、新建杆路的负载能力应提前规划，并应充分考虑已有管道、杆路等资源的利用和共享。

4）电缆线路路由的选择，应结合网络系统的整体性，将主干电缆路由与中继线路路由一并考虑，充分合理利用原有设施，确保短捷安全、经济灵活，并便于施工及维护。

5）电缆线路无法避免穿越有化学和电气腐蚀的地区时，应采取必要的防护措施，不宜采用金属外护套电缆。

6）电缆路由无法避免与高压输电线路、电气化铁道长距离平行接近时，强电对通信电缆线路的危险影响和干扰影响不得超过相关规定。

2.6　光缆线路敷设安装

2.6.1　光缆线路敷设安装的一般要求

1）光缆在敷设安装中，应根据敷设地段的环境条件，在保证光缆不受损伤的原则下，因地制宜地采用人工或机械敷设。

2）施工中保证光缆外护套的完整性。直埋光缆金属护套对地绝缘电阻应符合相关规定。

3）光缆敷设安装的最小弯曲半径应符合表2-5的规定。

表2-5　光缆允许的最小弯曲半径

光缆外护层形式	无外护层或04型	53、54、33、34型	333型、43型
静态弯曲	10D	12.5D	15D
动态弯曲	20D	25D	30D

注：D为光缆外径。

4）光缆敷设安装的重叠、增长和预留长度可结合工程实际情况参照表2-6的规定。

5）光缆在各类管材中穿放时，光缆的外径宜不大于管孔内径的90%。光缆敷设安装后，管口应封堵严密。

表2-6　光缆增长和预留长度参考值

项　　目	敷设方式			
	直埋	管道	架空	水底
接头每侧预留长度	5~10m	5~10m	5~10m	
人手孔内自然弯曲增长		0.5~1m		
光缆沟或管道内弯曲增长	7‰	10%m		按实际
架空光缆弯曲增长			7‰~10‰	
地下局站每侧预留	5~10m，可按实际需要调整			
地面局站每侧预留	10~20m，可按实际需要调整			
因水利、道路、桥梁等建设规划导致的预留	按实际需要			

2.6.2　直埋光缆敷设安装要求

1）直埋光缆线路应避免敷设在将来会建筑道路、房屋和挖掘取土的地点，且不宜敷设在地下水位较高或长期积水的地点。

2）光缆埋深应符合表2-7的规定。

表2-7　光缆埋深标准

敷设地段及土质		埋深/m
普通土、硬土		≥1.2
砂砾土、半石质、风化石		≥1.0
全石质、流沙		≥0.8
市郊、城镇		≥1.2
市区人行道		≥1.0
公路边沟	石质（坚石、软石）	边沟设计深度以下0.4
	其他土质	边沟设计深度以下0.8
公路路肩		≥0.8
穿越铁路（距路基面）、公路（距路面基底）		≥1.2
沟、渠、水塘		≥1.2
河流		按水底光缆要求

注：1. 边沟设计深度为公路或城建管理部门要求的深度。

2. 石质、半石质地段应在沟底和光缆上方各铺100mm厚的细土或沙土。此时光缆的埋深相应减少。

3. 表2-7中不包括冻土地带的埋深要求，其埋深在工程设计中应另行分析取定。

3）光缆可同其他通信光缆或电缆同沟敷设，但不得重叠或交叉，缆间的平行净距不应小于 100mm。

4）光缆线路标石的埋设应符合下列要求。

① 下列地点埋设光缆标石。

A. 光缆接头、转弯点、预留处。

B. 适于气流法敷设的硅芯塑料管的开断点及接续点，埋至人（手）孔的位置。

C. 穿越障碍物或直线段落较长，利用前后两个标石或其他参照物寻找光缆有困难的地方。

D. 装有监测装置的地点及敷设防雷线、同沟敷设光（电）缆的起止地点。直埋光缆的接头处应设置监测标石，此时可不设置普通标石。

E. 需要埋设标石的其他地点。

② 利用固定的标志来标示光缆位置时，可不埋设标石。

③ 光缆标石宜埋设在光缆的正上方。接头处的标石，埋设在光缆线路的路由上；转弯处的标石，埋设在光缆线路转弯处的交点上。标石埋设在不易变迁、不影响交通与耕作的位置。如埋设位置不易选择，可在附近增设辅助标记，以三角定标方式标定光缆位置。

5）在地势较高、较平坦和地质稳固之处，应避开水塘、河渠、沟坎、道路、桥上等施工、维护不便或接头有可能受到扰动的地点。光缆接头盒可采用水泥盖板或其他适宜的防机械损伤的保护措施。

6）铁路、轻轨线路、通车繁忙或开挖路面受到限制的公路时，应采用钢管保护，或定向钻孔地下敷管，但应同时保证其他地下管线的安全。采用钢管时，应伸出路基两侧排水沟外 1m，光缆埋深距排水沟底应不小于 800mm，并符合相关部门的规定。钢管内径需满足安装子管的要求，但应不小于 80mm。钢管内应穿放塑料子管，子管数量视实际需要确定，一般不少于两根。

7）光缆线路穿越允许开挖路面的公路或乡村大道时，应采用塑料管或钢管保护，穿越有动土可能的机耕路时，应采用铺砖或水泥盖板保护。

8）光缆线路通过村镇等动土可能性较大地段时，可采用大长度塑料管、铺砖或水泥盖板保护。

9）光缆穿越有疏浚和拓宽规划或挖泥可能的较小沟渠、水塘时，应在光缆上方覆盖水泥盖板或砂浆袋，也可采取其他保护光缆的措施。

10）光缆敷设在坡度大于 20°、坡长大于 30m 的斜坡地段时宜采用 "S" 形敷设。坡面上的光缆沟有受到水流冲刷的可能时，应采取堵塞加固或分流等措施。在坡度大于 30°的较长斜坡地段敷设时，宜采用特殊结构（一般为钢丝铠装）光缆。

11）光缆穿越或沿山涧、溪流等易受水流冲刷的地段敷设时，应根据具体情况设置漫水坡、水泥封沟、挡水墙或其他保护措施。

12）光缆在地形起伏比较大的地段（如台地、梯田、干沟等处）敷设时，应满足规定的埋深和曲率半径要求。光缆沟应因地制宜采取措施防止水土流失，保证光缆安全，一般高差在 0.8m 及以上时，应加护坎或护坡保护。

13）光缆在桥上敷设时，应考虑机械损伤、振动和环境温度的影响，并采取相应的保护措施。

14) 直埋光（电）缆与其他建筑设施间的最小净距应符合表2-8的要求。

表2-8 直埋光（电）缆与其他建筑设施间的最小净距

名　称	平行时的最小净距/m	交越时的最小净距/m
通信管道边线（不包括人（手）孔）	0.75	0.25
非同沟的直埋通信光（电）缆	0.5	0.25
埋式电力电缆（交流35kV以下）	0.5	0.5
埋式电力电缆（交流35kV及以上）	0.5	0.5
给水管（管径小于300mm）	0.5	0.5
给水管（管径为300~500mm）	1.0	0.5
给水管（管径大于500mm）	1.5	0.5
高压油管、天然气管	10.0	0.5
热力、排水管	1.0	0.5
燃气管（压力小于300 kPa）	1.0	0.5
燃气管（压力为300~1 600 kPa）	2.0	0.5
通信管道	0.75	0.25
其他通信线路	0.5	
排水沟	0.8	0.5
房屋建筑红线或基础	1.0	
树木（市内、村镇大树、果树、行道树）	0.75	
树木（市外大树）	2.0	
水井、坟墓	3.0	
粪坑、积肥池、沼气池、氨水池等	3.0	
架空杆路及拉线	1.5	

注：1. 直埋光缆采用钢管保护时，与水管、燃气管、输油管交越时净距可降低为0.15m。
　　2. 对于杆路、拉线、孤立大树和高耸建筑，还应考虑防雷要求。
　　3. 大树指直径300mm及以上的树木。
　　4. 穿越埋深与光缆相近的各种地下管线时，光缆宜在管线下方通过。
　　5. 隔距达不到上表要求时，应采取保护措施。

2.6.3 管道光缆敷设安装要求

1) 在市区新建管道时，应符合 GB 50373—2006《通信管道与通道工程设计规范》的要求。

2) 管道光缆占用的管孔位置可优先选择靠近管群两侧的适当位置。光缆在各相邻管道段所占用的孔位应相对一致，如需改变孔位时，其变动范围不宜过大，并避免由管群的一侧转移到另一侧。

3) 在水泥、陶瓷、钢铁或其他类似材质的管道中敷设光缆时，应视情况使用塑料子管以保护光缆。在塑料管道中敷设时，大孔径塑管中应敷设多根塑料子管以节省空间。

4）子管的敷设安装应符合下列规定。

① 子管采用材质合适的塑料管材。

② 子管数量根据管孔直径及工程需要确定。数根子管的总等效外径宜不大于管孔内径的 90%。

③ 一个管孔内安装的数根子管应一次性穿放。子管在两人（手）孔间的管道段应无接头。

④ 子管在人（手）孔内应伸出适宜的长度，可为 200～400mm。

⑤ 本期工程不用的子管，管口应安装塞子。

5）光缆接头盒在人（手）孔内宜安装在常年积水水位以上的位置，采用保护托架或其他方法承托。

6）人（手）孔内的光缆应固定牢靠，宜采用塑料软管保护，并有醒目的识别标志或光缆标牌。

7）光缆在比较特殊的管道中（如公路、铁路、桥梁以及其他大孔径管道等）同沟敷设时，应充分考虑到诸如路面沉降、冲击、振动、剧烈温度变化导致结构变形等因素对光缆线路的影响，并采取相应的防护措施。

2.6.4 架空光缆敷设安装要求

1）架空光缆线路应根据不同的负荷区，采取不同的建筑强度等级。线路负荷区的划分，应根据气象条件按表 2-9 确定。

表 2-9 划分线路负荷区的气象条件

气 象 条 件	负荷区			
	轻负荷区	中负荷区	重负荷区	超重负荷区
冰凌等效厚度/mm	≤5	≤10	≤15	≤20
结冰时温度/℃	−5	−5	−5	−5
结冰时最大风速/（m/s）	10	10	10	10
无冰时最大风速/（m/s）	25			

注：1. 冰凌密度为 $0.9g/cm^3$；如果是冰霜混合体，可按其厚度的 1/2 折算为冰厚。

2. 最大风速应以气象台自动记录 10min 的平均最大风速为计算依据。

3. 最大冰凌厚度和最大风速，应根据建设地段的气象资料，按照平均每 10 年为一周期出现的选定。

2）个别冰凌严重或风速超过 25m/s 的地段，应根据实际气象条件，单独提高该段线路的建筑标准，不应全线提高。

3）架空光缆可用于轻、中负荷区和地形起伏不很大的地区。超重负荷区、冬季气温低于 −30℃、大跨距数量较多、沙暴和大风危害严重的地区不宜采用。

4）采用架空方式敷设光缆时，必须优先考虑共享原有杆路。

5）架空光缆杆线强度应符合 YD 5148—2007《架空光（电）缆通信杆路工程设计规范》的相关要求。利用现有杆路架挂光缆时，应对杆路强度进行核算，保证建筑安全。

6）架空光缆宜采用附加吊线架挂方式，每条吊线一般只宜架挂一条光缆。根据工程要求也可采用自承式。光缆在吊线上可采用电缆挂钩安装，也可采用螺旋线绑扎。

7）吊线的安装应符合下列要求：

① 吊线程式的选择要求如下：

A. 吊线程式可按架设地区的负荷区别、光缆荷重、标准杆距等因素经计算确定，一般宜选用 7/2.2 和 7/3.0 规格的镀锌钢绞线。

B. 一般情况下常用杆距为 50m。不同钢绞线在各种负荷区适宜的杆距见表 2-10。当杆距超过表 2-10 的范围时，宜采用正副吊线跨越装置。

表 2-10　吊线规格选用表

吊线规格	负荷区	杆距/m	备注
7/2.2	轻负荷区	≤150	
7/2.2	中负荷区	≤100	
7/2.2	重负荷区	≤65	
7/2.2	超重负荷区	≤45	
7/3.0	中负荷区	101~150	
7/3.0	重负荷区	66~100	
7/3.0	超重负荷区	45~80	

② 吊线用穿钉（木杆）或吊线抱箍（水泥杆）和三眼单槽夹板安装，也可用吊线担和压板安装。

③ 吊线在杆上的安装位置应兼顾杆上其他缆线的要求，并保证架挂光缆后，在温度和负载发生变化时光缆与其他设施的净距符合相关隔距要求。

④ 吊线的终结、假终结、泄力结、仰俯角装置以及外角杆吊线保护装置等按相关规范处理。

8）架空线路与其他设施接近或交越时，其间隔距离应符合下述规定。

① 杆路与其他设施的最小水平净距，应符合表 2-11 的规定。

表 2-11　杆路与其他设施的最小水平净距

其他设施名称	最小水平净距/m	备注
消火栓	1.0	指消火栓与电杆的距离
地下管、缆线	0.5~1.0	包括通信管、缆线与电杆的距离
火车铁轨	地面杆高的 4/3 倍	
人行道边石	0.5	
地面上已有其他杆路	地面杆高的 4/3 倍	以较长标高为基准
市区树木	0.5	缆线到树干的水平距离
郊区树木	2.0	缆线到树干的水平距离
房屋建筑	2.0	缆线到房屋建筑的水平距离

注：在地域狭窄地段，拟建架空光缆与已有架空线路平行敷设时，若间距不能满足以上要求，可以杆路共享或改用其他方式敷设光缆线路，并满足隔距要求。

② 架空光（电）缆在各种情况下架设的高度，应不低于表 2-12 的规定。

表 2-12 架空光（电）缆架设高度

名 称	与线路方向平行时		与线路方向交越时	
	架设高度/m	备 注	架设高度/m	备 注
市内街道	4.5	最低线缆到地面	5.5	最低线缆到地面
市内里弄（胡同）	4.0	最低线缆到地面	5.0	最低线缆到地面
铁路	3.0	最低线缆到地面	7.5	最低线缆到地面
公路	3.0	最低线缆到地面	5.5	最低线缆到地面
土路	3.0	最低线缆到地面	5.0	最低线缆到地面
房屋建筑物			0.6	最低线缆到屋脊
			1.5	最低线缆到房屋平顶
河流			1.0	最低线缆到最高水位时的船桅顶
市区树林			1.5	最低线缆到树枝的垂直距离
郊区树林			1.5	最低线缆到树枝的垂直距离
其他通信导线			0.6	一方最低缆线到另一方最低缆线
与同杆线缆的间隔	0.4	线缆到线缆		

③ 架空光（电）缆交越其他电气设施的最小垂直净距，应不小于表 2-13 的规定。

表 2-13 架空光（电）缆交越其他电气设施的最小垂直净距

其他电气设施名称	最小垂直净距/m		备 注
	架空电力线路 有防雷保护设备	架空电力线路 无防雷保护设备	
10kV 以下电力线	2.0	4.0	最高缆线到电力线条
35～110kV 电力线（含 110kV）	3.0	5.0	最高缆线到电力线条
110～220kV 电力线（含 220kV）	4.0	6.0	最高缆线到电力线条
220～330kV 电力线（含 330kV）	5.0		最高缆线到电力线条
330～500kV 电力线（含 500kV）	5.5		最高缆线到电力线条
供电线接户线	0.6		
霓虹灯及其铁架	1.6		
电气铁道及电车滑接线	1.25		

注：1. 供电线为被覆线时，光（电）缆也可以在供电线上方交越。

2. 光（电）缆不可避免在上方交越时，跨越档两侧电杆及吊线安装应做加强保护装置。

3. 通信线应架设在电力线路的下方位置，并应架设在电车滑接线的上方位置。

9）光缆接头盒可以安装在吊线或者电杆上，并固定牢靠。

10）光缆吊线应每隔 300～500m 利用电杆避雷线或拉线接地，每隔 1 km 左右加装绝缘子进行电气断开。

11）光缆应尽量绕避可能遭到撞击的地段，确实无法绕避时应在可能撞击点采用纵剖硬质塑料管等保护。引上光缆应采用钢管保护。光缆与架空电力线路交越时，应对交越处做绝缘处理。

12）光缆在不可避免跨越或临近有火险隐患的各类设施时，应采取防火保护措施。

13）墙壁光缆的敷设应满足以下要求：

① 墙壁上不宜敷设铠装光缆。

② 墙壁光缆离地面高度应不小于 3m。

③ 光缆跨越街坊、院内通路时应采用钢绞线吊挂，其缆线最低点距地面应符合相关要求。

14）采用 OPGW 和 ADSS 等电力专用光缆时，应符合相关的电力专业设计规范。

2.6.5 水底光缆敷设安装要求

1）水底光缆规格选用应符合下列原则。

① 河床及岸滩稳定、流速不大但河面宽度大于 150m 的一般河流或季节性河流，采用短期抗张强度为 20000N 及以上的钢丝铠装光缆。

② 河床及岸滩不太稳定、流速大于 3m/s 或主要通航河道等，采用短期抗张强度为 40000N 及以上的钢丝铠装光缆。

③ 河床及岸滩不稳定、冲刷严重，以及河宽超过 500m 的特大河流，采用特殊设计的加强型钢丝铠装光缆。

④ 穿越水库、湖泊等静水区域时，可根据通航情况、水工作业和水文地质状况综合考虑确定。

⑤ 河床稳定、流速较小、河面不宽的河道，在保证安全且不受未来水务作业影响的前提下，可采用直埋光缆过河。

⑥ 如果河床土质及水面宽度情况能满足定向钻孔施工设备的要求，也可选择定向钻孔施工方式，此时可采用在钻孔中穿放直埋或管道光缆过河。

2）水底光缆的过河位置，应选择在河道顺直、流速不大、河面较窄、土质稳定、河床平缓无明显冲刷、两岸坡度较小的地方。下列地点不宜敷设水底光缆。

① 河流的转弯与弯曲处、汇合处和水道经常变动的地方以及险滩、沙洲附近。

② 水流情况不稳定，有漩涡产生，或河岸陡峭不稳定，有可能遭受猛烈冲刷导致坍岸的地方。

③ 凌汛危害段落。

④ 有拓宽和疏浚计划，或未来有抛石、破堤等导致河势可能改变的地点。

⑤ 河床土质不利于布放、埋设施工的地方。

⑥ 有腐蚀性污水排泄的水域。

⑦ 附近有其他水下管线、沉船、爆炸物、沉积物等的水域。

⑧ 码头、港口、渡口、桥梁、锚地、船闸、避风处和水上作业区附近。

3）水底光缆应避免在水中设置光缆接头。

4）特大河流、重要的通航河流等，可根据干线光缆的重要程度设置备用水底光缆。主、备用水底光缆应通过连接器箱或分支接头盒进行人工倒换，也可进行自动倒换。为此可设置水线终端房。

5）水底光缆的埋深，应根据河流的水深、通航状况、河床土质等具体情况分段确定。

① 河床有水部分的埋深应符合下列规定。

A. 水深小于 8m（指枯水季节的深度）的区段，河床不稳定或土质松软时，光缆埋入河底的深度不应小于 1.5m；河床稳定或土质坚硬时不应小于 1.2m。

B. 水深大于 8m 的区域，可将光缆直接布放在河底不加掩埋。

C. 在游荡型河道等冲刷严重和极不稳定的区段，应将光缆埋设在变化幅度以下；如遇特殊困难不能实现，在河底的埋深也不应小于 1.5m，并应根据需要将光缆做适当预留。

D. 在有疏浚计划的区段，应将光缆埋设在计划深度以下 1m，或在施工时暂按一般埋深，但需要将光缆做适当预留，待疏浚时再下埋至要求深度。

E. 石质和半石质河床，埋深不应小于 0.5m，并应加保护措施。

② 岸滩部分埋深应符合下列要求。

A. 比较稳定的地段，光缆埋深不应小于 1.2m。

B. 洪水季节受冲刷或土质松散不稳定的地段适当加深，光缆上岸的坡度宜小于 30°。

③ 对于大型河流，当航道、水利、堤防、海事等部门对拟布放水底光缆的埋深有特殊要求时，或有抛锚、运输、渔业捕捞、养殖等活动影响，上述埋深不能保证光缆安全时，应进行综合论证和分析，确定合适的埋深要求。

6）水底光缆的敷设长度，应按下列要求设置。

① 有堤的河流，水底光缆应伸出取土区，伸出堤外不宜小于 50m。无堤的河流，应根据河岸的稳定程度、岸滩的冲刷程度确定，水底光缆伸出岸边不宜小于 50m。

② 河道、河堤有拓宽或改变规划的河流，水底光缆应伸出规划堤 50m 以外。

③ 土质松散易受冲刷的不稳定岸滩部分，光缆应有适当预留。

④ 主、备用水底光缆的长度宜相等，如有长度偏差，应满足传输要求。

7）穿越河流的水底光缆长度，根据河宽和地形情况，可按表 2-14 进行估算。

表 2-14　水底光缆长度估算表

河 流 情 况	为两终点间丈量长度的倍数
河宽小于 200m，水深、岸陡、流急，河床变化大	1.15
河宽小于 200m，水较浅、流缓，河床平坦变化小	1.12
河宽为 200 ~ 500m，流急，河床变化大	1.12
河宽大于 500m，流急，河床变化大	1.10
河宽大于 500m，流缓，河床变化小	1.06 ~ 1.08

注：实际应用中，应结合施工方法和技术装备水平综合考虑取定。

布放平面弧度增加长度的比例，可按表 2-15 选定。

表 2-15　布放平面弧度增加长度比例表

f/L_{bs}	6/100	8/100	10/100	13/100	15/100
增加长度	$0.010L_{bs}$	$0.017L_{bs}$	$0.027L_{bs}$	$0.045L_{bs}$	$0.060L_{bs}$

注：表中 L_{bs} 代表布放平面弧度的弦长，f 代表弧线的顶点高弦的垂直高度，f/L_{bs} 代表高弦比。单盘水底光缆的长度不宜小于 500m。

8）工程设计应按现场勘察的情况和调查的水文资料，确定水底光缆的最佳施工时节和可行的施工方法。

水底光缆的施工方式，应根据光缆规格、河流水文地质状况、施工技术装备和管理水平以及经济效益等因素进行选择，可采用人工或机械挖沟敷设、专用设备敷设等方式。对于石质河床，可视情况采取爆破成沟方式。

9）光缆在河底的敷设位置，应以测量时的基线为基准向上游按弧形敷设。弧形敷设的范围，应包括洪水期间可能受到冲刷的岸滩部分。弧形顶点应设在河流的主流位置上，弧形顶点至基线的距离，应按弧形弦长的大小和河流的稳定情况确定，一般可为弦长的 10%，根据冲刷情况或水面宽度可将比率进行适当调整。如果受敷设水域的限制，按弧形敷设有困难时，可采取 "S" 形敷设。

布放两条及以上的水底光缆，或同一区域有其他光缆或管线时，相互间应保持足够的安全距离。

10）水底光缆接头处金属护套和铠装钢丝的接头方式，应能保证光缆的电气性能、密闭性能和必要的机械强度要求。

11）靠近河岸部分的水底光缆，如有可能受到冲刷、塌方、抛石护坡和船只靠岸等危害时，可选用下列保护措施：

① 加深埋设。

② 覆盖水泥板。

③ 采用关节形套管。

④ 砌石质光缆沟（应采取防止光缆磨损的措施）。

12）光缆通过河堤的方式和保护措施，应保证光缆和河堤的安全，并符合以下要求。

① 应保证光缆和河堤的安全，并严格符合相关堤防管理部门的技术要求。

② 光缆在穿越土堤时，宜采用爬堤敷设的方式，光缆在堤顶的埋深不应小于 1.2m，在堤坡的埋深不应小于 1.0m。堤顶部分兼为公路时，应采取相应的防护措施。若达到埋深要求有困难时，也可采用局部垫高堤面的方式，光缆上垫土的厚度不应小于 0.8m。河堤的复原与加固应按照河堤主管部门的规定处理。

③ 穿越较小的、不会引起次生灾害的防水堤，光缆可在堤基下直埋穿越，但应经河堤主管单位同意。

④ 光缆不宜穿越石砌或混凝土河堤。必须穿越时，其穿越位置与保护措施应与河堤主管部门协商确定。

13）水底光缆的终端固定方式，应根据不同情况分别采取下列措施。

① 对于一般河流，水陆两段光缆的接头，应设置在地势较高和土质稳定的地方，可直接埋于地下，为维护方便也可设置接头人（手）孔。在终端处的水底光缆部分，应设置 1～2 个 "S" 弯，作为锚固和预留的措施。

② 对于较大河流、岸滩有冲刷的河流，以及光缆终端处的土质不稳定的河流，除上述措施外，还应对水底光缆进行锚固。

14）敷设水底光缆的通航河流，在过河段的河堤或河岸上设置标志牌。标志牌的数量及设置方式应符合相关海事及航道主管部门的规定。无具体规定时，可按下列要求执行。

① 水面宽度小于 50m 的河流，在河流一侧的上下游堤岸上，各设置一块标志牌。

② 水面较宽的河流，在水底光缆上、下游的河道两岸均设置一块标志牌。

③ 河流的滩地较长或主航道偏向河槽一侧时，需在近航道处设置标志牌。

④ 有夜航的河流，可在标志牌上设置灯光设备。

15）敷设水底光缆的通航河流，应划定禁止抛锚区域，其范围应按相关航政及航道主管部门的规定执行。无具体规定时，可按下列要求执行。

① 河宽小于 500m 时，上游禁区距光缆弧度顶点 50～200m，下游禁区距光缆路由基线 50～100m。

② 河宽为 500m 及以上时，上游禁区距光缆弧度顶点 200～400m，下游禁区距光缆路由基线 100～200m。

③ 特大河流，上游禁区距光缆弧度顶点应大于 500m，下游禁区距光缆路由基线应大于 200m。

2.6.6 光缆接续、进局及成端

1）光缆接续应符合下列要求。

① 光缆接头盒应符合 YD/T 814.1—2013《光缆接头盒 第 1 部分：室外光缆接头盒》的相关要求。

② 室外光缆的接续、分歧使用光缆接头盒。光缆接头盒采用密封防水结构，并具有防腐蚀和一定的抗压力、张力和冲击力的能力。

③ 长途、本地光缆光纤接续应采用熔接法；接入网光缆光纤接续宜采用熔接法，对不具备熔接的环境可采用冷接法。

④ 光纤固定接头的衰减应根据光纤类型、光纤质量、光缆段长度以及扩容规划等因素严格控制，光纤接头衰减限值应满足表 2-16 的规定。

表 2-16 光纤接头衰减限值

接头衰减 光纤类别	单纤/dB		光纤带光纤/dB		测试波长/nm
	平均值	最大值	平均值	最大值	
G.652	≤0.06	≤0.12	≤0.12	≤0.38	1310/1550
G.655	≤0.08	≤0.14	≤0.16	≤0.55	1550
G.651	≤0.04	≤0.10	≤0.10	≤0.25	850/1310

注：1. 单纤平均值的统计域为中继段光纤链路的全部光纤接头损耗。

2. 光纤带光纤的平均值统计域为中继段内全部光纤接头损耗。

3. 单纤冷接衰减应不大于 0.1dB/个。

4. 接头盒应设置在安全和便于维护抢修的地点。

5. 人井内光缆接头盒应设置在积水最高水位线以上。

2）光缆进局及成端应符合下列要求。

① 室内光缆应采用非延燃外护套光缆，如采用室外光缆直接引入机房，必须采取严格的防火处理措施。

② 具有金属护层的室外光缆进入机楼（房）时，应在光缆进线室对光缆金属护层做接地处理。

③ 在大型机楼内布放光缆需跨越防震缝时，应在该处留有适当余量。

④ ODF 架中光缆金属构件用截面积不小于 6mm² 的铜接地线与高压防护接地装置相连，然后用截面积不小于 35mm² 的多股铜芯电力电缆引接到机房的第一级接地汇接排或小型局站的总接地汇接排。

2.6.7　硅芯塑料管道敷设安装要求

1）硅芯塑料管道路由的选择除应满足相关规范规定外，根据其特点，还应符合以下原则。

① 选择硅芯塑料管道路由时应以现有的地形地物、建筑设施和建设规划为主要依据，并应充分考虑铁路、公路、水利、城建等有关部门的发展规划的影响。

② 选择路由顺直、地势平坦、地质稳固、高差较小、土质较好、石方量较小、不易塌陷和冲刷的地段，避开地形起伏很大的山区。

③ 沿靠现有（或规划）公路等交通线敷设时应顺路取直。

④ 长途光缆线路进城应尽量利用现有通信管道。需新建管道时，应与市区管道建设相协调。

⑤ 在公路上或市区内建设塑料管道时，应取得公路或城建、规划等相关主管部门的同意。

⑥ 塑料管道路由不宜选择在地下水位高和常年积水的地区。

⑦ 应便于光缆及空压机设备运达。

2）硅芯塑料通信管道除沿靠公路敷设外，也可在高等级公路中央分隔带下、路肩及边坡和路侧隔离栅以内敷设。其敷设位置应便于塑料管道、光缆的施工和维护及机械设备的运输，且应符合表 2-17 的要求。

表 2-17　硅芯塑料管道敷设位置选择

序号	敷 设 地 段	塑料管道敷设位置
1	高等级公路	a. 中间隔离带
		b. 边沟
		c. 路肩
		d. 防护网内
2	一般公路	a. 定型公路：边沟、路肩、边沟与公路用地边缘之间。也可离开公路敷设，但隔距不宜超过 200m
		b. 非定型公路：离开公路，但隔距不宜超过 200m。避开公路升级、改道、取直、扩宽和路边规划的影响
3	市区街道	a. 人行道
		b. 慢车道
		c. 快车道
4	其他地段	a. 地势较平坦、地质稳固、石方量较小
		b. 便于机械设备运达

3）硅芯塑料管道与其他地下管线或建筑物间的隔距应符合相关规定，埋深应根据敷设地段的土质和环境条件等因素按要求进行分段确定，并符合相关规定。特殊困难地点可根据敷设硅芯塑料管道要求提出方案，呈主管部门审定。硅芯塑料管道埋深要求见表 2-18。

表 2-18　硅芯塑料管道埋深要求

序号	敷设地段及土质	上层管道至路面埋深/m
1	普通土、硬土	≥1.0
2	半石质（砂砾土、风化石）	≥0.8
3	全石质、流沙	≥0.6
4	市郊、城镇	≥1.0
5	市区街道	≥0.8
6	穿越铁路（距路基面）、公路（距路面基底）	≥1.0
7	高等级公路中间隔离带及路肩	≥0.8
8	沟、渠、水塘	≥1.0
9	河流	同水底光缆埋深要求

注：1. 人工开槽的石质沟和公（铁）路石质边沟的埋深可减为 0.4m，并采用水泥砂浆封沟。硬路肩可减为 0.6m。
　　2. 管道沟沟底宽度通常应大于管群排列宽度每侧 100mm。
　　3. 在高速公路隔离带或路肩开挖管道沟，硅芯塑料管道的埋深及管群排列宽度，应考虑到路方安装防撞栏杆立柱时对塑料管的影响。

4）长途通信光缆硅芯塑料管道工程中管孔数量及建筑安装方式，应根据工程所经地区的通信业务发展前景，并结合敷设地区的具体条件因地制宜地确定。

5）长途通信光缆硅芯塑料管道宜使用内壁平滑型塑料管，材质一般为高密度聚乙烯（HDPE），管内可加硅芯。硅芯塑料管道配盘时应避免将接头点安排在常年积水的洼地、水塘、河滩、堤坝及铁路、公路的路基下。

6）硅芯塑料管道的敷设应符合下列要求。

① 在一般地区敷设塑料管道，可直接将塑料管放入沟底，不需另做专门的管道基础。对土质较松散的局部地段，宜将沟底进行人工夯实。

② 塑料管布放后应使用专用接头件尽快连接密封，对引入手孔的管道应及时对端口封堵。

③ 同沟布放多根塑料管时，应采用不同色条或颜色的塑料管作分辨标记，也可在人（手）孔内的塑料管道端头处使用不同颜色的 PVC 胶粘带做标记。

④ 同沟布放的多根塑料管，可每隔一定距离捆绑一次，以增加塑料管的挺直性，并保持一定的管群断面。

⑤ 敷设塑料管时的最小曲率半径，应不小于塑料管外径的 15 倍。

⑥ 钢管中或管箱内的塑料管接续可使用金属接头件；不同规格的两根塑料管接续时应使用变径接头件。

7）硅芯塑料管道工程中一般设置手孔。根据具体工程建设环境条件，也可不设置手孔；不设置手孔时，在气吹光缆后，其塑料管端头密封，上方敷设水泥盖板保护。

8）硅芯塑料管道工程不设置手孔时，其光缆接头处应设置监测标石；设置手孔时，可根据其维护需要，确定是否设置监测标石；硅芯塑料管道工程监测标石可隔一个光缆接头设置一处。

9）光缆线路标石的设置除应满足相关规定外，在塑料管道接头处、气吹点、牵引点、拐弯点和埋式手孔位置等地点，应设线路标石，也可增设地下电子标识。

10）手孔内的光缆应挂设标牌做标记。

11）硅芯塑料管道手孔的荷载与强度应符合国家相关标准及规定。手孔的规格尺寸应根据敷设的塑料管数量确定。手孔建筑可采用砖砌混凝土手孔或新型复合材料的手孔，建筑型式可为普通型与埋式型。埋式型手孔盖距地面一般约为 0.6m，埋式型手孔上方应设标石，也可增设地下电子标识器。

12）硅芯塑料管道手孔的设置，应根据敷设地段的环境条件和光缆盘长等因素确定，并符合以下要求。

① 在光缆接续点宜设置手孔。

② 手孔的规格应满足光缆穿放、接续和预留的需要，并根据实际情况确定预埋铁件在手孔内的位置及预留光缆的固定方式。

③ 手孔间距应根据光缆盘长，考虑光缆接头重叠和各种预留长度后确定。

④ 非光缆接头位置的光缆预留点宜设置手孔。

⑤ 其他需要的地点可增设手孔。

13）手孔的建筑地点应选择在地形平坦、地质稳固、地势较高的地方，避免安排在安全性差、常年积水、进出不便及铁路、公路路基下。

14）在手孔内塑料管道端口间的排列应至少保持30mm 的间距，塑料管道伸出孔壁的长度应适宜。手孔内的空余及已占用塑料管的端口应进行封堵。

15）硅芯塑料管道在市区建设手孔时，应符合 GB 50373—2006《通信管道与通道工程设计规范》的要求。

16）硅芯塑料管道及光缆的保护应符合下列要求。

① 硅芯塑料管道穿越铁路或主要公路时，塑料管道应采用钢管保护，或定向钻孔地下敷管，但应同时保证其他地下管线的安全。塑料管道穿越允许开挖路面的一般公路时，可直埋敷设通过。

② 硅芯塑料管道在桥侧吊挂或新建专用桥墩防护时，可加玻璃钢管箱带 U 形箍防护，也可采用桥侧 "U" 形支架承托钢管保护。

③ 硅芯塑料管道与其他地下通信光（电）缆同沟敷设时，隔距应不小于 100mm，并不应有重叠和交叉，原有光（电）缆的挖出部分可采用竖铺红砖保护。

④ 硅芯塑料管道与煤气、输油管道等交越时，宜采用钢管保护。垂直交越时，保护钢管长度为 10m（每侧5m），斜交越时应适当加长。

⑤ 硅芯塑料管道穿越有疏浚、拓宽的沟、渠、水塘时，宜在塑料管道上方覆盖水泥砂浆袋或水泥盖板保护。

⑥ 硅芯塑料管道埋深不足 0.5m 时, 宜采用钢管保护, 也可采用上覆水泥盖板、水泥槽或铺砖保护。

⑦ 硅芯塑料管道采用钢管保护时, 钢管管口应封堵。

⑧ 硅芯塑料管道的护坎保护、漫水坡保护及斜坡堵塞保护等应按照直埋光缆部分的要求执行。

17) 穿放在硅芯塑料管道内的光缆, 其防雷措施应符合相关规定。

2.6.8 光缆交接箱安装要求

1) 交接设备的安装方式应根据线路状况和环境条件选定, 且满足下列要求。

① 具备下列条件时可设落地式交接箱:

A. 地理条件安全平整、环境相对稳定。

B. 有建手孔和交接箱基座的条件, 并与管道人孔距离较近便于沟通。

C. 接入交接箱的馈线光缆和配线光缆为管道式或埋式。

② 具备下列条件时可设架空式交接箱:

A. 接入交接箱的配线光缆为架空方式。

B. 郊区、工矿区等建筑物稀少的地区。

C. 不具备安装落地式交接箱的条件。

③ 交接设备也可安装在建筑物内。

2) 室外落地式交接箱应采用混凝土底座, 底座与人 (手) 孔间应采用管道连通, 不得采用通道连通。底座与管道、箱体间应有密封防潮措施。

3) 变接箱 (间) 必须设置地线, 接地电阻不得大于 10Ω。

4) 交接箱位置的选择应符合下列要求。

① 符合城市规划, 不妨碍交通并不影响市容观瞻的地方。

② 靠近人 (手) 孔便于出入线的地方。

③ 无自然灾害, 安全、通风、隐蔽、便于施工维护、不易受到损伤的地方。

④ 下列场所不得设置交接箱:

A. 高压走廊和电磁干扰严重的地方。

B. 高温、腐蚀、易燃易爆工厂仓库、易于淹没的洼地附近及其他严重影响交接箱安全的地方。

C. 其他不适宜安装交接箱的地方。

5) 交接箱位置设置在公共用地的范围内时, 应获得有关部门的批准文件; 交接箱设置在用户院内或建筑物内时应得到业主的批准。

6) 交接箱编号应与出局馈线 (主干) 光缆编号相对应, 应符合电信业务经营者有关本地线路资源管理的相关规定。

2.6.9 光缆线路传输设计指标

1) 光缆线路设计应按中继段给出传输指标, 包括光缆衰减、PMD、光缆对地绝缘等指标。

2）长途、本地网光缆中继段光缆光纤链路的衰减指标应不大于式(2-1) 的计算值。

$$\beta = a_f L + (N+2)a_j \tag{2-1}$$

式中，β 为中继段光纤链路传输损耗，单位为 dB；L 为中继段光缆线路光纤链路长度，单位为 km；a_f 为设计中所选用的光纤衰减常数，单位为 dB/km，按光缆供应商提供的实际的光纤衰减常数的平均值计算；N 为中继段光缆接头数，按设计的光缆配盘表中所配置的接头数量选取；2 为中继段光缆线路终端接头数，每端 1 个；a_j 为设计中根据光纤类型和站间距离等因素综合考虑取定的光纤接头损耗系数，单位为 dB/个。

3）接入网光缆光纤链路的衰减指标应不大于式(2-2) 的计算值。

$$光纤链路衰减 = \sum_{i=1}^{n} L_i A_f + X A_熔 + Y A_c + \sum_{i=1}^{m} L_分 + Z A_冷 \tag{2-2}$$

式中，$\sum_{i=1}^{n} L_i$ 为光纤链路中各段光纤长度的总和，单位为 km；A_f 为设计中所选择使用的光纤供应商给出的实际的光纤衰减系数，单位为 dB/km；X 为光纤链路中光纤熔接接头数（含尾纤熔接接头数）；$A_熔$ 为设计中规定的光纤熔接接头平均衰耗指标，单位为 dB/个；Y 为光纤链路中活动接头数量；A_c 为设计中规定的活动连接器的衰耗指标，单位为 dB/个；$\sum_{i=1}^{m} L_分$ 为光纤链路中 m 个光分路器插入衰减的总和，单位为 dB；$A_冷$ 为设计中规定的冷接子接头衰耗系数，单位为 dB/个；Z 为光纤链路中含有机械式光纤冷接头的数量。

4）必要时可对长途网中继段光缆线路提出 PMD 指标。中继段光缆光纤链路的 PMD 值应不大于式(2-3) 给出的计算指标。

$$PMD = PMD_{系数}\sqrt{L} \tag{2-3}$$

式中，PMD 为中继段光纤链路的偏振模色散值，单位为 ps；$PMD_{系数}$ 为光缆光纤的偏振模色散系数，单位为 ps/$\sqrt{km}$，取决于光缆供货商提供的该产品的光缆光纤的偏振模色散系数；L 为中继段光缆光纤链路的长度，单位为 km。

5）单盘光缆埋设后，其金属外护层对地绝缘电阻的竣工验收指标应不低于 10MΩ·km；其中允许 10% 的单盘光缆不低于 2MΩ。

2.7　电缆线路敷设安装

2.7.1　电缆线路敷设安装的一般要求

1）电缆在敷设安装中，应根据敷设地段的环境条件，在保证电缆不受损伤的原则下，因地制宜地采用人工或机械敷设。

2）电缆在各类管材中穿放时，电缆外径应不大于管材内径的 90%。电缆敷设安装后，管口应封堵严密。

3）管道电缆的弯曲半径应符合表 2-19 的要求。

表 2-19　电缆允许弯曲半径

弯曲半径 /mm 缆径 /μm 对数	0.32	0.40	0.60
5		27	37
10		38	50
20	37	50	63
30	44	62	70
50	59	71	85
80	69	85	100
100	76	95	115
150	88	110	135
200	103	126	170
300	128	155	255
400	150	190	275
500	174	250	320
600	190	280	370
700	216	302	425
800	238	334	480
900	260	366	540
1000	280	398	580
1200	316	466	650

2.7.2　埋式电缆敷设安装要求

1）埋式电缆线路应避免敷设在未来将建筑道路、房屋和挖掘取土的地点，不宜敷设在地下水位较高或长期积水的地点。

2）电缆在已建成的铺装路面下敷设时，不宜采用埋式敷设。

3）埋式电缆的埋深，应不小于 0.8m。埋式电缆上方应加覆盖物保护，并设标志。

4）埋式电缆与其他地下设施间的净距不应小于相关规定。

5）埋式电缆接头应安排在地势平坦和地质稳固的地方，应避开水塘、河渠、沟坎、快慢车道等施工和维护不便的地点，电缆接头盒可采用水泥盖板或其他适宜的防机械损伤的保护措施。

6）埋式电缆在转弯、直线和接头的适当位置应埋设标石。

2.7.3　管道电缆敷设安装要求

1）在市区新建管道时，应符合 GB 50373—2006《通信管道与通道工程设计规范》的要求。

2）管道管孔的利用原则是：先从下而上，再从两侧往中间，逐层使用。

3）敷设管道电缆的曲率半径必须大于电缆直径的 15 倍。

4）一条电缆通过各个人孔所占用的管孔和电缆托板的位置，前后应保持一致。

5）一个管孔一般只穿放一条电缆。

6）管道电缆在管孔内不应有接头。

7）电缆在人孔中的预留长度按式（2-4）计算，式中取值应符合表 2-20 的要求。

$$L = L_1 + L_2 + L_3 + L_4 + L_5 - L_6 \qquad (2-4)$$

表 2-20　电缆在人孔中的预留长度

分类	类　　别	留长/mm	备　　注
1.1	电缆在人孔中的弯曲长度	实际计算	管道口到第一个电缆铁架的长度
1.2	第一个电缆铁架至电缆接头的中心长度	350	即铁架间距离的一半
1.3	电缆接续所需的长度	250	自电缆接头的中心开始起算
1.4	电缆接续中所消耗的长度	100	接续电缆芯线时的损耗
1.5	电缆接续前施工中所消耗的长度	150	包括对号、牵引电缆时的损耗等
1.6	人孔中心至人孔壁的距离	实际计算	

2.7.4　架空电缆敷设安装要求

1）架空电缆线路负荷区的划分应与架空光缆线路一致。

2）架空电缆线路杆路的杆间距离，应根据用户下线需要、地形情况、线路负荷、气象条件以及发展改建要求等因素确定。一般情况下，市区杆距可为 35～40m，郊区杆距可为 45～50m。

3）采用架空方式敷设电缆时，必须考虑共享原有杆路的可行性。新建架空杆路时，必须共享和共建。

4）架空电缆杆线强度应符合 YD 5148—2007《架空光（电）缆通信杆路工程设计规范》的相关规定。利用现有杆路架挂电缆时，应对杆路强度进行核算，保证建筑安全。

5）新设杆路应采用钢筋混凝土电杆，杆路应设在较为定型的道路一侧，以减少立杆后的变动迁移。

6）杆路上架挂的电缆吊线不宜超过三条，在保证安全系数的前提下，可适当增加。一条吊线上宜挂设一条电缆，如距离很短，电缆对数小，可允许一条吊线上挂设两条电缆。普通杆距架空电缆吊线规格，可参照表 2-21 的数据选用。

表 2-21　普通杆距架空电缆吊线规格

负　荷　区	杆距/m	电缆质量 W/(kg/m)	吊线规格 线径/mm × 股数
轻负荷区	$L \leqslant 45$	$W \leqslant 2.11$	2.2 ×7
	$45 < L \leqslant 60$	$W \leqslant 1.46$	
	$L \leqslant 45$	$2.11 < W \leqslant 3.02$	2.6 ×7
	$45 < L \leqslant 60$	$1.46 < W \leqslant 2.18$	
	$L \leqslant 45$	$3.02 < W \leqslant 4.15$	3.0 ×7
	$45 < L \leqslant 60$	$2.18 < W \leqslant 3.02$	

（续）

负　荷　区	杆距/m	电缆质量 W/（kg/m）	吊线规格 线径/mm × 股数
中负荷区	$L \leqslant 40$ $40 < L \leqslant 55$	$W \leqslant 1.82$ $W \leqslant 1.224$	2.2×7
	$L \leqslant 40$ $40 < L \leqslant 55$	$1.82 \leqslant W \leqslant 3.02$ $1.22 \leqslant W \leqslant 1.82$	2.6×7
	$L \leqslant 40$ $40 < L \leqslant 55$	$3.02 < W \leqslant 4.15$ $1.82 < W \leqslant 2.98$	3.0×7
重负荷区	$L \leqslant 35$ $35 < L \leqslant 50$	$W \leqslant 1.46$ $W \leqslant 0.574$	2.2×7
	$L \leqslant 35$ $35 < L \leqslant 50$	$1.46 \leqslant W \leqslant 2.52$ $0.57 \leqslant W \leqslant 1.22$	2.6×7
	$L \leqslant 35$ $35 < L \leqslant 50$	$2.52 < W \leqslant 3.98$ $1.22 < W \leqslant 2.31$	3.0×7

注：超重负荷区吊线应特殊设计。

7）自承式全塑电缆钢绞线的终端和接续紧固铁件，其破坏强度应不低于钢绞线强度的110%。

8）凡装设30对及以上的分线箱或架空交接箱的电杆，应装设杆上工作站台。

9）市区内架空电缆线路应有统一的走向和位置规划，尽量减少和电力架空线路的交越。

10）架空电缆线路不宜与电力线路合杆架设。在不可避免时，允许和10kV以下的电力线路合杆架设，且必须采取相应的技术防护措施，此时电力线与通信电缆间净距不应小于2.5m，且电缆应架设在电力线路的下方。

11）架空线路设备应根据有关的技术规定进行可靠的保护，以免遭受雷击、高电压和强电流的电气危害以及机械损伤。

12）架空电缆线路与其他设施接近或交越时，其间隔距离应符合相关规定。

2.7.5　水底电缆敷设安装要求

1）电缆线路在通过河流时，宜采用桥上敷设方式，如桥梁存在较大振动，电缆应采取防振措施。较小的河流也可采用架空跨越或微控定向钻孔方式。

2）当就近地段无稳固可靠桥梁使用时，可采用水底电缆。对于下述情况均应采用钢丝铠装电缆。

① 通航的主要河流。

② 河面宽度大于150m，河床及岸滩稳定、流速不大的一般河流。

③ 河面宽度小于150m，但河床及岸滩不太稳定、流速大于3m/s的较小河流。

3）水底电缆的过河位置，其选择原则应与水底光缆相同。

4）水底电缆的埋深，应根据河流的水深、通航、河床土质等具体情况分别确定，且应符合下列要求。

① 河床有水部分的埋深要求。

A. 水深大于 8m（指枯水季节的深度）的区域，可将电缆直接放在河底不加掩埋。

B. 水深小于 8m（指枯水季节的深度）的区域，电缆埋入河底的深度不应小于 0.5～1.0m（视河床土质）。

C. 有疏浚计划的区域敷设水底电缆时，应将电缆埋设在计划深度以下 1m，或在施工时暂按一般埋深，但需要将电缆做适当预留，待疏浚时再下埋至要求深度。

② 岸滩部分的埋深要求。

A. 地质较好且稳定的地段，电缆埋深应不小于 1.0m。

B. 岸滩易受冲刷或土质松散不稳定的地段，应适当增加埋设深度。

5）河流的常年水深小于 5m 时，水底电缆可不单独设置充气段，水底电缆的气压维护标准与陆地电缆相同。河流的常年水深大于 5m 小于 10m 时，水底电缆的气压维护标准应根据水深情况和使用的水底电缆规格程式确定，可单独设置充气维护段。

6）水底电缆的其他相关要求，应与水底光缆相同。

2.7.6 交接区安装要求

1）交接区是用户电缆线路网的基础，其划分应符合下列要求。

① 按照自然地理条件，结合用户密度与最佳容量、原有线路设备的合理利用等因素综合考虑，将就近的用户划分在一个交接区内。

② 交接区的边界以河流、湖泊、铁道、干线公路、城区主要街道、公园、高压走廊及其他妨碍线路穿行的大型障碍物为界，交接区的地理界线力求整齐。

③ 城市统建住宅小区的交接区，结合区间道路、绿地、小区边界划分，视用户密度可一个小区划一个交接区，也可几个小区合成一个交接区，或一个小区划为多个交接区。

④ 市内已建成区的交接区，根据用户的发展结合原有配线区和配线电缆的分布和路由走向划分。

⑤ 对于已建成的街区，交接区以满足远期需要为准划分；对于未建成的街区或待发展地区的交接区的划分则应远近期结合。

2）交接区容量的确定应符合以下要求：

① 交接区的容量按最终进入交接箱（间）的主干电缆所服务的范围确定。一般主干电缆分为 400、600、800、1000、1200 等对数。

② 根据业务预测，引入主干电缆在 100 对以上的机关、企事业单位，可单独设立交接区。

③ 交接区容量的确定要因地制宜，不得拼凑用户数，以保持交接区的相对稳定。

3）交接箱的容量应结合中、远期进入交接箱的电缆总对数（包括主干电缆、配线电缆、箱间联络电缆等），参照交接箱常用容量系列选定。

4）在新建小区或用户密度大的高层建筑和建筑群，应设置交接间，交接间的容量可根据交接区终期所需要的电缆总对数，结合房屋、管道等条件确定。

5）交接设备的安装方式应根据线路状况和环境条件选定，且满足下列要求。

① 具备下列条件时可设落地式交接箱：

A. 进入交接箱主干电缆为 600 对，交接箱容量为 1200 对以上。

B. 地理条件安全平整、环境相对稳定。

C. 有建手孔和交接箱基座的条件并能与管道人孔沟通。

D. 接入交接箱的主干电缆和配线电缆为管道式或埋式。

② 具备下列条件时可设架空式交接箱：

A. 接入交接箱的配线电缆为架空方式。

B. 郊区、工矿区等建筑物稀少的地区。

C. 不具备安装落地式交接箱的条件。

③ 交接设备也可安装在建筑物内。

6）室外落地式交接箱应采用混凝土底座，底座与人（手）孔间应采用管道连通，不得采用通道连通。底座与管道、箱体间应有密封防潮措施。

7）600 对及 600 对以上的交接箱，架空安装时应安装在 H 杆上或建筑物的外墙上。

8）交接箱（间）必须设置地线，接地电阻不得大于 10Ω。

9）交接箱位置的选择应符合下列要求。

① 交接箱的最佳位置宜设在交接区内线路网中心略偏交换局的一侧。

② 符合城市规划，不妨碍交通并不影响市容观瞻的地方。

③ 靠近人（手）孔便于出入线的地方，或电缆的汇集点上。

④ 无自然灾害，安全、通风、隐蔽、便于施工维护、不易受到损伤的地方。

⑤ 下列场所不得设置交接箱：

A. 高压走廊和电磁干扰严重的地方。

B. 高温、腐蚀、易燃易爆工厂仓库、易于淹没的洼地附近及其他严重影响交接箱安全的地方。

C. 其他不适宜安装交接箱的地方。

10）交接箱位置设置在公共用地的范围内时，应获得有关部门的批准文件；交接箱设置在用户院内或建筑物内时，应得到业主的批准。

11）落地式交接箱直接上列的电缆应加做气塞。架空交接箱直接上列的电缆中，凡采用充气维护方式的应做气塞。

12）交接箱内的主干电缆与配线电缆应优先使用相同的线序，配线电缆的编号应按交接箱的列号，配线方向应统一编排。

13）交接箱编号应与出局主干电缆编号相对应，或与本地线路资源管理系统统一。

2.7.7　配线区安装要求

1）配线区的划分应符合以下要求。

① 高层住宅宜以独立建筑物为一个配线区，其他住宅建筑宜以 50 对、100 对电缆为基本单元划分配线区。

② 用户电话交换机、接入网设备所辖范围内的用户宜单独设置配线区。

2）小区配线电缆的建筑方式宜采用配线管道敷设方式，局部也可采用沿墙架设、立杆架设和埋式敷设等方式。

3）采用墙壁敷设方式时，其路由选择应满足下列要求，墙壁电缆与其他管线的最小净距可参照表 2-22。

表 2-22　墙壁电缆与其他管线的最小净距

管 线 种 类	平行净距/m	平行交叉净距/m
电力线	0.20	0.10
避雷引下线	1.00	0.30
保护地线	0.20	0.10
热力管（不包封）	0.50	0.50
热力管（包封）	0.30	0.30
给水管	0.15	0.10
煤气管	0.30	0.10
电缆线路	0.15	0.10

① 沿建筑物敷设，横平竖直，不影响房屋建筑美观。路由选择不妨碍建筑物的门窗启闭，电缆接头的位置不得选在门窗部位。

② 安装电缆位置的高度应尽量一致，住宅楼与办公楼以 2.5 ~ 3.5m 为宜，厂房、车间外墙以 3.5 ~ 5.5m 为宜。

③ 避开高压、高温、潮湿、易腐蚀和有强烈振动的地区。无法避免时，应采取保护措施。

④ 避免选择在影响住户日常生活或生产活动的地方。

⑤ 避免选择在陈旧的、非永久性的、经常需修理的墙壁。

⑥ 墙壁电缆尽量避免与电力线、避雷线、暖气管、锅炉及油机的排气管等容易使电缆受损害的管线设备交叉或接近。

4）配线电缆采用架空方式时，相关要求应与架空电缆线路相同。

2.7.8　进局电缆

1）电缆进局应从不同的方向引入，对于大型交换局（10000 门以上），应至少有两个进局方向。进局电缆应采用大容量电缆。

2）大对数电缆进局时，宜采用大容量产品配线架，其每直列容量可为 800 ~ 1200 回线。

3）成端电缆必须采用非延燃型电缆。

4）每直列成端电缆不宜超过两条。

2.7.9　电缆接续

1）电缆芯线接续。在正常工作条件下电缆安全使用寿命内，应保持接头电阻稳定、接续牢固。其接续方式的选择应符合下列要求。

① 根据电缆结构、容量、敷设方式、接续质量和效率、接续器材、价格等综合考虑，择优选用。

② 电缆芯线接续采用接线模块或接线子卡接方式。接线子的型号及技术指标符合 YD/T 334—1987《市内通信电缆接线子》的规定；接线子的规格应能满足芯线接续的要求。

③ 填充型全塑电缆的接续采用有填充物的接续器材。

2）电缆芯线接续器材可参照表 2-23 选择。

表 2-23 电缆芯线接续器材选择

序号	名称	型号	适用线径单位/mm	适用场合
1	扣型	HJK HJKT	0.4 ~ 0.8	填充型或非填充型架空电缆、填充型埋式电缆、填充型管道配线电缆、交接箱成端接续
2	销套型	HJX	0.32 ~ 0.8	非填充型管道电缆、非填充型埋式电缆、局内成端接续
3	齿型	HJC	0.32 ~ 0.6	同销套型
4	模块型	HJM HJMT	0.32 ~ 0.6	填充型和非填充型管道电缆和埋式、架空式电缆局内成端接续

注：H 为市内通信电缆；J 为接线子；K 为扣型；X 为销套型；C 为齿型；M 为模块型；T 为含防潮填充剂。

3）电缆护套接续的套管宜采用热可塑套管或可启式套管。

4）全塑电缆接头套管选择应符合下列要求。

① 根据电缆结构、电缆容量、敷设方式、人孔规格、环境条件以及套管价格等综合考虑，择优选用。

② 接头套管与电缆接合部位的材质必须与塑料电缆护套的材质相容，以保证封闭质量。

③ 接头套管的型号及技术指标符合相关标准，接头套管的规格能满足电缆接续形式的要求。

④ 填充型电缆必须选用可充入填充物的套管。

⑤ 采用充气维护的非填充型电缆必须选用耐气压型的套管。

⑥ 自承式架空电缆接头套管能包容吊线与电缆。

⑦ 具有重复使用性能的接头套管，在技术经济合理时优先选用。

5）全塑电缆接头套管可参照表 2-24 选择。

表 2-24 接头套管选型

序号	名 称	形 状	适用场合
1	热可塑管	O 形、片形	填充型和非填充型电缆（除自承式外）架空、管道、埋式敷设时均可采用、成端接头
2	注塑套管	O 形	只能用于聚乙烯护套充气维护的管道电缆和埋式电缆、成端接头
3	机械式套管	上下两半或筒、片形	填充型和非填充型电缆（除自承式外）架空、管道、埋式敷设时均可采用
4	接线筒	底盖两部分	300 对以下架空、墙壁、管道充气电缆均可安装使用
5	多用接线盒	底盖两部分	非填充型不充气维护的架空电缆（包括自承式和吊线式）

注：1. O 形为圆筒套管，施工场所要有置放套管的空间。

2. 片形为包在接头外纵向封闭的包管，适用于无置放套管空间的场所等。

2.7.10 电缆线路传输设计指标

1）电缆线路传输设计应确定传输设备（包括电缆和终端）的形式和种类，并在电缆线路上采取有效的技术措施，以满足 YDN 088—1998《自动交换电话（数字）网技术体制》中有关电话传输质量标准及信号电阻限值的要求。

2）交换局至用户之间的用户电缆电路传输损耗应不大于 7.0dB。

3）用户电缆线路的传输损耗大于 7.0dB 时，应采取其他技术措施予以解决。

4）对于少数边远地区的用户电缆线路，当采用其他技术措施将引起投资过大时，其传输损耗可允许超出限值，但其超过值不得大于 2.0dB，且在一个用户电缆线路网中，此类用户数不得超过用户总数的 10%。

5）用户电缆线路环路电阻应不大于 1800Ω（包括话机电阻），特别情况下允许不大于 3000Ω，馈电电流应不小于 18mA。

6）由于热杂音和线对间串音在用户线上会引起杂音，用户线话机端的杂音测量值应不超过 100pW（≈70dBmp）。

7）同一配线点的两对用户线之间，用户电缆线路对于 800Hz 的串音衰减应不小于 70dB。

8）用户电缆的线径必须同时满足传输损耗分配和交换设备的用户环路电阻限值两个要素。用户电缆的线径品种应简化和统一，基本线径为 0.4mm，特殊情况下可使用 0.6mm 线径。

① 对于超过传输标准的用户，可采用光缆传输技术。

② 不同距离下 0.4mm 线径电缆的使用以及 0.4mm、0.6mm 线径电缆的组合使用参见表 2-25。

表 2-25　0.4mm、0.6mm 线径电缆使用

距离/km		线径/mm	衰耗/dB	环阻（不含话机）/Ω
≤4		0.4	≤7.08	≤1184
≤8	0~4	0.4	≤11.80	≤1710
	4~8	0.6		
	0~8	0.4	≤14.16	≤2368

2.8　光（电）缆线路防护

2.8.1　光（电）缆线路防强电危险影响

1）电缆线路及有金属构件的光缆线路，当其与高压电力线路、交流电气化铁道接触网平行时，或与发电厂或变电站的地线网、高压电力线路杆塔的接地装置等强电设施接近时，应主要考虑强电设施在故障状态和工作状态时由电磁感应、地电位升高等因素在光（电）缆金属线对和构件上产生的危险影响。

2）光（电）缆线路受强电线路危险影响的允许标准应符合下列规定：

① 强电线路在故障状态时，光（电）缆金属构件上的感应纵向电动势或地电位升不大于光（电）缆绝缘外护层介质强度的 60%。

② 强电线路在正常运行状态时，光（电）缆金属构件上的感应纵向电动势不大于 60V。

3）高压输电线路在短期故障状态或正常工作状态时，对接近的通信光（电）缆线路，因电磁感应产生的纵电动势（E）的有效值，可按式(2-5)计算：

$$E = \sum 2\pi f M_i L_i I S_i \tag{2-5}$$

式中，f 为高压线电流频率，单位为 Hz，一般为 50Hz；M_i 为第 i 接近段高压线与光（电）缆的互感系数，单位为 H/km，取 f 为 50Hz 时的数值；L_i 为第 i 接近段通信光（电）缆线路在高压线路上的投影长度，单位为 km；I 为输电线路一相接地或两相在不同地点同时接地的短路电流，单位为 A；S_i 为第 i 接近段高压线路与通信光（电）缆线路的综合屏蔽系数（取 f 为 50Hz 时的数值）。

4）交流电气化铁道接触网，在短期故障状态或正常工作状态时，对接近的通信光（电）缆线路，由电磁感应产生的纵电动势（E）的有效值，可按式(2-6)计算：

$$E = \sum 2\pi f_k M_i L_i I_k S_{ki} \tag{2-6}$$

式中，f_k 为交流电气化铁道接触网电流频率，单位为 Hz，我国电气化铁路的牵引供电制式是单相工频（50Hz）25kV 交流制；M_i 为第 i 接近段交流电气化铁道接触网与光（电）缆的互感系数，单位为 H/km，取 f_k 频率时的数值；L_i 为第 i 接近段通信光（电）缆线路在交流电气化铁道的投影长度，单位为 km；I_k 为影响电流，单位为 A；S_{ki} 为第 i 接近段交流电气化铁道接触网与通信光（电）缆线路的综合屏蔽系数（取 f_k 频率时的数值）。

5）光（电）缆线路对强电影响的防护，可选用下列措施。

① 在选择光（电）缆路由时，应与现有强电线路保持一定的隔距，当与之接近时，应计算在光（电）缆金属构件上产生的危险影响，不应超过规范规定的容许值。

② 光（电）缆线路与强电线路交越时，宜垂直通过；在困难情况下，其交越角度应不小于 45°。

③ 光缆接头处两侧金属构件不做电气连通，也不接地。

④ 当上述措施无法满足安全要求时，可增加光缆绝缘外护层的介质强度，采用非金属加强芯或无金属构件的光缆。

⑤ 在与强电线路平行地段进行光（电）缆施工或检修时，应将光（电）缆内的金属构件做临时接地。

2.8.2　电缆线路防强电干扰影响

1）无金属线对的光缆线路不考虑强电干扰影响。

2）音频双线电话回路噪声计电动势允许值（干扰影响允许值）应符合下列规定。

① 县电话局至县及以上电话局的电话回路为 4.5mV。

② 县电话局至县以下电话局的电话回路为 10mV。

③ 业务电话回路为 7mV。

3）中性点直接接地系统的输电线路的计算应符合下列规定。

① 对音频双线电话的干扰影响应按输电线路正常运行状态计算，应考虑输电线路基波和谐波电流、电压的感应影响。

② 对受多条输电线路干扰影响的电信线路，应按二次方和的二次方根计算多条输电线路的合成干扰。

4）中性点不直接接地系统的输电线路的计算应符合下列规定。

① 对音频双线电话的干扰影响应按输电线路单相接地短路故障状态计算，应考虑输电

线路基波和谐波电压的感应影响。

② 不考虑多条输电线路的合成干扰影响。

5）对有金属外皮或埋设地下的无金属外皮电信电缆，应考虑磁干扰影响，而不应考虑静电干扰影响。

6）双线电话的干扰影响有环路影响和不平衡影响，但一般情况下环路影响可忽略不计。

7）在进行干扰影响计算时，应计入电信线路传播效应的衰减系数。

8）当有屏蔽体时，应计入屏蔽体 800Hz 的屏蔽系数。

9）一般情况下，中性点直接接地系统的输电线路对音频双线电话回路的干扰影响，可利用简化公式只计算不平衡影响的噪声计电动势分量 e_{bV}、e_{bI} 和 e_{rI}。总噪声计电动势 e 按式（2-7）计算：

$$e = \sqrt{e_{bV}^2 + e_{bI}^2 + e_{rI}^2} \tag{2-7}$$

式中，e 为音频双线电话回路总噪声计电动势，单位为 mV；e_{bV} 为输电线路电压平衡分量感应引起的不平衡影响噪声计电动势分量，单位为 mV；e_{bI} 为输电线路电流平衡分量感应引起的不平衡影响噪声计电动势分量，单位为 mV；e_{rI} 为输电线路电流剩余分量感应引起的不平衡影响噪声计电动势分量，单位为 mV。

有关 e_{bV}、e_{bI} 和 e_{rI} 计算的参数可按照 DL/T 0033—2006《输电线路对电信线路危险和干扰影响防护设计规程》的相关条款取定。

10）中性点不直接接地系统的输电线路发生单相接地短路故障时，在双线电话回路中感应的噪声计电动势 e（即 e_{rV}）可按式（2-8）计算：

$$e = e_{rV} = U_{Pr} g_r \eta \left| \sum \left[\frac{\frac{2bc}{a^2} l_T \psi}{l} + \frac{\frac{6.3c}{a_B - a_A}}{l} \right] \right| \tag{2-8}$$

其中

$$U_{Pr} = K_r \frac{U_N}{\sqrt{3}}$$

式中，g_r 为输电线路结构系数，可取 $g_r = 3/11$；U_{Pr} 为输电线路电压剩余分量等值干扰电压，单位为 V；K_r 为输电线路电压剩余分量等值干扰电压系数，无实测数据时，可取 $K_r = 0.02$。

11）当输电线路对电信线路感应产生的噪声计电动势或干扰电流超过干扰影响允许值时，应根据具体情况，通过技术经济比较和协商，采取必要的防护措施，可选用的措施如下：

① 与输电线路保持合理的间距和交叉角度。

② 增设屏蔽线。

③ 改迁电缆线路路由。

2.8.3　光（电）缆线路防雷

1）年平均雷暴日数大于 20 的地区及有雷击历史的地段，光（电）缆线路应采取防雷保护措施。

2）无金属线对、有金属构件的直埋光缆线路的防雷保护可选用下列措施。

① 直埋光缆线路防雷线的设置应符合下列原则：

A. $\rho_{10} < 100\Omega \cdot m$ 的地段，可不设防雷线。

B. ρ_{10} 为 $100 \sim 500\Omega \cdot m$ 的地段，设一条防雷线。

C. $\rho_{10} > 500\Omega \cdot m$ 的地段，设两条防雷线。

D. 防雷线的连续布放长度一般应不小于 2km。

② 当光缆在野外硅芯塑料管道中敷设时，可参照下列防雷线设置原则：

A. $\rho_{10} < 100\Omega \cdot m$ 的地段，可不设防雷线。

B. $\rho_{10} \geqslant 100\Omega \cdot m$ 的地段，设一条防雷线。

C. 防雷线的连续布放长度一般应不小于 2km。

③ 光缆接头处两侧金属构件不做电气连通。

④ 局站内的光缆金属构件应接防雷地线。

⑤ 雷害严重地段，光缆可采用非金属加强芯或无金属构件的结构形式。

3）光（电）缆线路应尽量绕避雷暴危害严重地段的孤立大树、杆塔、高耸建筑、行道树、树林等易引雷目标。无法避开时，应采用消弧线、避雷针等措施对光（电）缆线路进行保护。

4）架空光（电）缆线路除可采用相关条款措施外，还可选用下列防雷保护措施：

① 光（电）缆架挂在明线线条的下方。

② 光（电）缆吊线间隔接地。

③ 电缆金属屏蔽层的线路两端必须接地，接地点可在引上杆、终端杆或其附近。电缆线路进入交接箱时，可与交接箱共用地线接地。单独做金属屏蔽层接地时，接地电阻应符合表 2-26 的规定。

④ 雷害特别严重地段应装设架空地线。

5）光（电）缆内的金属构件，在局（站）内或交接箱处线路终端时必须做防雷接地。

表 2-26　金属屏蔽层地线接地电阻标准

土壤电阻率/($\Omega \cdot m$)	土　　质	接地电阻/Ω
100 及以下	黑土地、泥炭黄土地、砂质黏土地	≤20
101 ~ 300	夹砂土地	≤30
301 ~ 500	砂土地	≤35
501 及以上	石地	≤45

2.8.4　光（电）缆线路其他防护

1）直埋光（电）缆在有白蚁危害的地段敷设时，可采用防蚁护层，也可采用其他防蚁处理，但应保证环境安全。

2）有鼠害、鸟害等灾害的地区应采取相应的防护措施。

3）在寒冷地区应针对不同气候特点和冻土状况采取防冻措施。在季节冻土层中敷设光（电）缆时应增加埋深，在有永久冻土层的地区敷设时不得扰动永久冻土。

2.9　局站站址选择与建筑要求

2.9.1　站址选择原则

1）在光（电）缆线路传输长度允许的条件下，局站应首先考虑设置在现有机房内。

2）无现有机房可利用时，应新建局站。新建局站的位置应满足目前主流技术的传输距离需求，并适当兼顾新技术。

3）新建局站的设置地点应符合以下要求。

① 靠近居民点、现有维护设施等安全有保障、便于看管的地方，不应选择在易燃、易爆的建筑物和堆积场附近。

② 地势较高，不受洪水影响，容易保持良好的机房内温湿度环境，地形平坦，土质稳定，适于建筑的地点；避开断层、土坡边缘、古河道，有可能塌方、滑坡和地下存在矿藏及古迹遗址的地方。

③ 交通方便，有利于施工及维护抢修。

④ 不偏离光（电）缆线路路由走向过远，方便光（电）缆、供电线路的引入。

⑤ 易于保持良好的机房内外环境，可满足安全及消防要求。

⑥ 便于地线安装，接地电阻较低，避开强电及干扰设施或其他防雷接地装置。

2.9.2　建筑要求

1）新建局站时应选用地上型的建筑方式。环境安全或设备工作条件有特殊要求时，局站机房也可采用地下或半地下结构的建筑方式。

2）新建局站的机房面积应根据通信容量以及中、远期设备安装数量等因素综合考虑。

3）新建、购买或租用局站机房，均应符合 YD 5003—2014《通信建筑工程设计规范》和其他相关标准的要求。

2.10　长途干线光缆线路维护

2.10.1　光缆线路维护机构

1）新建长途干线光缆时，宜根据工程实际情况确定合适可行的维护方式，并视需要配置相应的维护机构及仪表。长途干线光缆维护机构包括维护段和巡房、水线房等。对于采取分散维护、集中抢修方式的，宜设置维护段、巡房；对于采取集中维护、集中抢修方式的，宜设置维护段。有重要水线时，应设置水线房。通常情况下，每个维护段负责维护150～250km 光缆线路，巡房负责维护20～30km 光缆线路，可根据沿线地形特点及行政区划等因素综合考虑取定。

2）长途干线光缆维护机构及人员配置可参照表2-27 取定。

表 2-27　光缆维护机构及人员配置

项　目	用地指标/m²	建筑面积/m²	维护人员配置/人
新建集中维护段房	<3000	760	9
新建分散维护段房	≤2670	650	7
新建巡房和大型水线房	≤330	80	1
新建一般水线房	≤67	20	

2.10.2　光缆线路维护器材

1）光缆线路维护工（器）具应根据工程维护抢修特点及方式按需配备。当无特殊要求时，可参考表 2-28 配置相应的维护机具和仪表，并视实际情况适当取舍。

表 2-28　维护机具和仪表的配置

序号	仪表及工（器）具名称	单位	配备标准/处			
			整线务段	半线务段	集中维护段	巡房
1	大型光缆探测仪	块	1	1	1	
2	小型光缆探测仪	块				1
3	高阻计	块	1	1	1	
4	绝缘电阻表（兆欧表）	块	1	1	1	
5	数字万用表	块	1	1	1	
6	手抬机动消防泵（7.5~18.5 kW）	台	1	1	1	
7	液压式千斤顶带大轴（5t）	套	1	1	1	
8	光缆盘	个	1	1	1	
9	绞盘	个	1	1	1	
10	环链手拉葫芦	个	1	1	1	
11	电子交流稳压器	台	1	1	1	
12	汽油发电机组（1.5kW）	台	1	1	1	
13	汽油桶（200L）	个	1	1	1	
14	塑料桶（10L）	个	1	1	1	
15	小型帐篷	个	1	1	1	
16	电话机	台	1	1	1	1
17	线务段常用维护工具（公用）	套	1	1	1	
18	线务员常用维护工具	套	1	1	1	1
19	维护用仪表车	辆	1	1	1	
20	维护用客货两用车	辆	1	1	1	
21	维护用自行车	辆	1	1	1	1
22	稳定光源	套	1	1	1	
23	光功率计	套	1	1	1	
24	光时域反射仪（双窗口）	套	1	1	1	
25	光纤熔接机（含光纤切割工具）	套	1	1	1	

2）当无特殊要求时，主要维护材料的配备数量可按照表2-29取定。

表2-29　光缆线路维护材料

项　目	数　量
直埋光缆维护材料	直埋光缆工程用料长度的2%
管道光缆维护材料	管道光缆工程用料长度的3%～5%
架空光缆维护材料	架空光缆工程用料长度的2%
水底光缆维护材料	按维护段内最长的一条水底光缆计列
气流法敷缆段落维护材料	工程用料长度的3%～5%
光缆接头盒维护材料	光缆接头盒工程用料数量的5%～10%

注：以上数量应按维护段落适当取整。

思考与练习

1. 对原有线路设备的利用应符合什么原则？

2. 通信线路路由的选择原则有哪些？

3. 光缆在比较特殊的管道中（如公路、铁路、桥梁以及其他大孔径管道等）同沟敷设时，应充分考虑到哪些因素？

4. 水底光缆规格选用应符合哪些原则？

5. 光缆交接箱位置的选择应符合什么要求？

6. 光（电）缆线路如何防雷？

第 3 章　网络有线媒介

现代通信根据传输介质的特性进行分类，可以分为有线通信和无线通信两种；若根据传输信号的模式，可以分为模拟通信和数字通信。有线通信是利用电缆、光缆或电话线等线路来充当传输媒介，而无线通信则是利用卫星、微波、红外线等来充当传输媒介。现代通信中没有严格按上述进行分类，原因是现在大多通信都能够实现有线和无线、模拟和数字之间的相互转化，并能实现互联互通，体现出了一种通信新模式，可视为网络通信。

本章节讨论的是网络通信中的有线媒介，也就是网络通信线路。网络通信线路的选择必须考虑网络的性能、价格、使用规则、安装的容易性、可扩展性及其他一些因素。在网络布线系统中使用的线缆通常分为双绞线、同轴电缆、大对数线、光缆等。市场上供应的品种型号很多，工程技术人员应根据实际的工程需求来选购符合条件的线缆，购买时主要考虑其功能、性能、型号、品质等因素。

3.1　双绞线线缆

双绞线（Twisted Pair，TP）是一种综合布线工程中最常用的传输介质。双绞线是由两根具有绝缘保护层的铜导线组成的，把两根绝缘的铜导线按一定密度互相绞在一起，可降低信号相互干扰的程度，每一根导线在传输中辐射出来的电波会被另一根导线上发出的电波抵消。双绞线一般由两根为 22 号、24 号或 26 号的绝缘铜导线相互缠绕而成。如果把一对或多对双绞线放在一个绝缘套管中便成了双绞线电缆，与其他传输介质相比，双绞线在传输距离、信道宽度和数据传输速度等方面均受一定限制，但价格较为低廉。

目前，双绞线可分为非屏蔽双绞线（Unshielded Twisted Pair，UTP）和屏蔽双绞线（Shielded Twisted Pair，STP），屏蔽双绞线电缆的外层由铝箔包裹着，它的价格相对要高一些。

双绞线可传输模拟信号，同时也可以传输数字信号，特别适用于较短距离的信息传输。在传输期间，信号的衰减比较大，波形易畸变，双绞线分类如图 3-1 所示。

采用双绞线的局域网络带宽取决于所用导线的质量、导线的长度及传输技术。

由于双绞线传输信息时要向周围辐射，很容易被窃听，所以要花费额外的代价加以屏蔽，以减小辐射（但不能完全消除），这就是人们常说的屏蔽双绞线电缆。屏蔽双绞线相对来说贵一些，安装要比非屏蔽双绞线电缆难一些，类似于同轴电缆，它必须配有

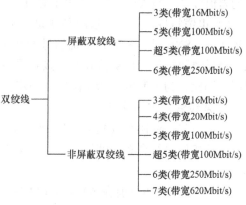

图 3-1　双绞线分类

支持屏蔽功能的特殊连接器和相应的安装技术；但它具有较高的传输速率，100m 内可达到 155Mbit/s。

为便于大家理解双绞线的含义，下面简单介绍其相关内容。

1. 非屏蔽双绞线电缆的优点

1）无屏蔽外套，直径小，节省所占用的空间。

2）重量轻、易弯曲、易安装。

3）将串扰减至最小或加以消除。

4）具有阻燃性。

5）具有独立性和灵活性，适用于结构化综合布线。

2. 双绞线的参数

对于双绞线（无论是 3 类、5 类、6 类双绞线，还是屏蔽、非屏蔽双绞线），用户所关心的是其衰减、近端串扰损耗、特性阻抗、分布电容、直流电阻等。为便于理解，首先需要理解下面几个专业名词。

1）衰减。衰减是沿链路的信号损失度量。衰减随频率变化而变化，所以应测量在应用范围内的全部频率上的衰减。

2）近端串扰损耗。近端串扰损耗用于测量一条 UTP 链路中从一对线到另一对线的信号耦合。对于 UTP 链路来说，这是一个关键的性能指标，也是最难精确测量的一个指标，尤其是随着信号频率的增加其测量难度就更大。

串扰分为近端串扰（NEXT）和远端串扰（FEXT），测试仪主要是测量 NEXT，由于线路损耗的存在，FEXT 的量值影响较小，在 3 类、5 类系统中可忽略不计。

3）直流电阻。直流（环路）电阻会消耗一部分信号并转变成热量，它是指一对导线电阻的和。每对导线间的电阻差异不能太大（小于 0.1Ω），否则表示接触不良，必须检查连接点。

4）特性阻抗。与环路直流电阻不同，特性阻抗包括电感抗及电容抗，它与一对线缆之间的距离及绝缘的电气性能有关。各种电缆有不同的特性阻抗，对双绞线电缆而言，则有 100Ω、120Ω 及 150Ω 几种（我国不使用、也不生产 120Ω 电缆）。

5）衰减串扰比（ACR）。在某些频率范围内，串扰与衰减量的比例关系是反映电缆性能的另一个重要参数。ACR 有时也以信噪比（SNR）表示，它由最差的衰减量与 NEXT 量值的差值计算。较大的 ACR 值表示对抗干扰的能力更强，系统要求至少大于 10dB。

6）电缆特性。通信信道的品质是由它的电缆特性 SNR（Signal – Noise Ratio，信噪比）来描述的。SNR 是在考虑到干扰信号的情况下，对数据信号强度的一个度量。如果 SNR 过低，将导致数据信号在被接收时，接收器不能分辨数据信号和噪声信号，最终导致数据传输错误。因此，为了使数据错误限制在一定范围内，必须定义一个最小的可接收的 SNR。

3. 双绞线的传输速率

国际电气工业协会（EIA）为双绞线电缆定义了不同质量的型号。

计算机网络综合布线使用第 3 类、4 类、5 类、超 5 类（5e）、6 类双绞线，分别定义如下。

1）第 3 类：指目前在 ANSI 和 EIA/TIA568 标准中指定的电缆。该电缆的传输特性最高规格为 16MHz，用于语音传输及最高传输速率为 10Mbit/s 的数据传输。

2）第 4 类：该类电缆的传输特性最高规格为 20MHz，用于语音传输和最高传输速率为 16Mbit/s 的数据传输。

3）第 5 类：该类电缆增加了绕线密度，外套是一种高质量的绝缘材料，其传输特性的最高规格为 100MHz，用于语音传输和最高传输速率为 100Mbit/s 的数据传输。

4）超 5 类：在 5 类双绞线的基础上，增加了额外的参数（ps NEXT、ps ACR）和提升了部分性能，但传输速率仍为 100Mbit/s。

5）6 类双绞线：在物理上与超 5 类不同，线对与线对之间是分隔的，传输的速率为 250Mbit/s。

4. 双绞线的绞距

在双绞线电缆内，不同线对具有不同的绞距长度，一般来说，4 对双绞线绞距周期在 38.1mm 长度内，按逆时针方向扭绞，一对线对的扭绞长度在 12.7mm 以内。

5. 双绞线的线规

美国线缆线规（American Wire Gauge，AWG）是用于测量铜导线直径及直流电阻的标准。

6. 双绞线电缆的测试数据

100Ω 4 对非屏蔽双绞线有 3 类线、4 类线、5 类线、超 5 类线、6 类线和 7 类线之分。它们具有下述指标：衰减、分布电容、直流电阻、直流电阻偏差值、特性阻抗、返回损耗、近端串扰损耗。

7. 双绞线的品种

双绞线也称双扭线，它是近年来发展较快的常用传输介质，分为屏蔽双绞线与非屏蔽双绞线两大类。在这两大类中又分为 100Ω 电缆、双体电缆、大对数电缆、150Ω 屏蔽电缆，其具体型号有多种。

8. 双绞线外观上的文字

对于一条双绞线，在外观上需要注意的是：每隔 2in（1in = 25.4mm）有一段文字。以某公司的线缆为例，该文字为如下形式：

×××× SYSTEMS CABLE E138034 0100；

24 AWG（UL）CMR/MPR OR C（UL）PCC；

FT4 VERIFIED ETL CAT5 044766 FT 9907；

其中：

××××代表公司名称；

0100 表示 100Ω；

24 表示线芯是 24 号的（线芯有 22、24、26 三种规格）；

AWG 表示美国线缆规格标准；

UL 表示通过认证，是认证标记；

FT4 表示 4 对线；

CAT5 表示 5 类线；

044766 表示线缆当前处在的英尺数；

9907 表示生产年月。

9. 6 类双绞线

6 类双绞线能够适应当前的语音、数据和视频以及千兆位应用。

（1）6 类双绞线布线标准简介

6 类双绞线布线标准是 UTP 布线的极限标准，为用户选择更高性能的产品提供依据，同时，它也能满足网络应用标准组织的要求。6 类双绞线布线标准中的规定涉及介质、布线距离、接口类型、拓扑结构、安装实践、信道性能及线缆和连接硬件性能等方面的要求。

6 类双绞线布线标准规定了铜缆布线系统应当能提供的最高性能，规定允许使用的线缆（连接类型）为 UTP 或 STP；整个布线系统（包括应用和接口类型）都要有向下兼容性，即新的 6 类双绞线布线系统上可以运行以前在 3 类或 5 类系统上运行的应用，用户接口应采用 8 位模块化插座。

同 5 类标准一样，6 类双绞线布线也采用星形拓扑结构，要求的布线距离为：基本链路（永久链路）的长度不能超过 90m，信道长度不能超过 100m。

6 类双绞线产品及系统的频率范围应当在 1 ~ 250MHz 之间，对系统中的线缆、连接硬件、基本链路及信道在所有频点都需测试以下几种参数：

- 衰减。
- 返回损耗。
- 延迟/失真。
- 近端串扰损耗。
- 功率累加近端串扰。
- 等效远端串扰。
- 功率累加等效远端串扰。
- 平衡。
- 其他。

另外，测试环境应当设置在最坏情况下，对产品和系统都要进行测试，从而保证测试结果的可用性。所提供的测试结果也应当是最差值而非平均值。

同时，6 类双绞线布线标准是一个整体的规范，并能得到以下几方面的支持：

- 实验室测试程序。
- 现场测试要求。
- 安装实践。
- 其他灵活性、长久性等方面的考虑。

（2）6 类双绞线布线

6 类双绞线布线标准是在 TIA TR41 布线标准的基础上研发形成的，该标准的目的是为了实现千兆位方案。千兆位方案最早是基于 5 类布线系统而制订的。超 5 类布线系统可以满足千兆位方案的要求，但需要在网络设备（如网卡）的接口处增加 DSP（数字信号处理）芯片，这样用超 5 类布线系统实现千兆位方案就需要较高的成本。而采用 6 类布线系统会比超 5 类布线系统降低一半的成本，6 类布线系统参数值余量可以更好地满足千兆位方案的需求。

（3）布线标准的几个关键问题

1）在 200MHz 时 6 类双绞线通道必须提供正的 PSACR 值（0.1dB）。

2）6 类双绞线通道包括 2、3 或者 4 个接头连接链路。

3）6 类双绞线通道所定义的公式频率值（即由公式计算出来的频率值，相当于理论值）而非现场频率值（相当于测量值）是 250MHz。带宽提升至 250MHz 是应 IEEE802 委员会定义新布线标准中满足零值 ACR 值（即串扰比为零）、提升频率 25% 的要求来制订的。

4）电缆和元器件的性能参数需从通道系统中返回计算。

5）6 类元器件应具备相互兼容性——允许不同厂商产品混合使用。

6）6 类元器件应具备向下兼容 5 类和增强型 5 类的特性。

10. 7 类线缆的有关问题

目前，7 类线缆的发展和参数可以参考以下几点。

1）1999 年 6 月 29 日在德国柏林，ISO/IEC、JTCL/SC.25/WG3 会议上与会的 69 名专家一致同意将耐克森公司提交的 7 类连接件解决方案 GG45 - GP45 写入国际布线标准 ISO/IE11801 第 2 章中。

2）2001 年 8 月 27 日，在德国召开的 ISO/IEC 会议上，耐克森公司建议将 IEC60603 - 7 - 7 最终确定为 7 类接口标准。

3）7 类线缆一般采用皮—泡沫—皮单线结构。

4）7 类线缆的铜导体外径选取为 22AWG 左右。

5）7 类线缆的带宽为 600MHz。

6）网络测试仪的测试频率范围为 0.064～1000MHz。

7）永久链路为 90m。

8）插入损耗约为 2dB（水平电缆约减少 3m，或连接跳线为 2m）。

9）近端串扰损耗为 5.1～7dB。

10）ACR 为 - 1.9dB。

11）远端串扰为 45.3dB。

12）回波损耗为 8.4dB。

13）延迟为 45ms。

14）延迟偏移为 44ms。

15）DC 回路电阻为 34Ω。

16）耦合衰减为 64.4dB。

11. 5 类 4 对 24AWG 屏蔽双绞线

5 类 4 对 24AWG 屏蔽双绞线是 24 号的裸铜导体，以氟化乙烯做绝缘材料，内有 - 24AWG TPG 漏电线，它的传输频率可达 100MHz。

12. 电缆防火等级

通信电缆中的绝缘材料包含化学物质，这些化学物质作为遏制火势的物质使用。基于 PVC 的电缆（干线级、商用级、通用级和家居级）都使用卤素化学物质来遏制火势。PVC 燃烧时会散发出卤化气体，如氯气，它会迅速吸收氧气，从而使火熄灭，导致电缆自行灭火。但是，浓度高的氯气具有很高的毒性。此外，氧气在与水蒸气结合时会生成盐酸，这对人体也非常有害。

电缆防火等级分增压级、干线级、商用级、通用级和家居级。

（1）增压级

增压级是等级最高的电缆，在一捆电缆上使用风扇强制向火焰吹风时，电缆上的火将在火焰蔓延 5m 以内自行熄灭。增压级电缆使用聚四氟乙烯的绝缘材料，在燃烧或处于极度高温时，使用的化学物质散发出浓度非常低的烟雾，电缆不会放出毒烟或水蒸气。

（2）干线级

干线级是等级位居第二的电缆，在使用风扇强制向火焰吹风的条件下，成捆电缆上的火必须在火焰蔓延 5m 以内自行熄灭，但干线级电缆没有烟雾或毒性规范。通常在大楼干线和水平电缆中使用这种防火等级的电缆。

（3）商用级

商用级对电缆的要求比干线级对电缆的要求低，成捆电缆上的火必须在火焰蔓延 5m 以内自行熄灭，但没有任何风扇强制向火焰吹风的限制。与干线级一样，商用级电缆没有烟雾或毒性规范。这种防火等级的电缆常用于水平走线中。

（4）通用级

通用级与商用级类似。

（5）家居级

家居级是通信布线中最低的防火等级，这种等级也没有烟雾或毒性规范，仅应用于单独敷设每条电缆的家庭或小型办公室系统中。

3.2　大对数双绞线

1. 大对数双绞线的组成

大对数双绞线是由 25 对具有绝缘保护层的铜导线组成的。它包括 3 类 25 对大对数双绞线和 5 类 25 对大对数双绞线，为用户提供更多的可用线对，并被设计为在扩展的传输距离上实现高速数据通信，传输速率为 100Mbit/s。导线色彩由蓝、橙、绿、棕、灰和白、红、黑、黄、紫编码组成。

2. 5 类 25 对 24AWG 非屏蔽大对数线

5 类 25 对 24AWG 非屏蔽大对数线由 25 对线组成，可为用户提供更多的可用线对，并被设计为在扩展的传输距离上实现高速数据通信。

3. 3 类 25 对 24AWG 非屏蔽线

这类电缆适用的最高传输速率为 16Mbit/s，一般为 10Mbit/s。

4. 大对数线品种

大对数线品种分为屏蔽大对数线和非屏蔽大对数线。

3.3　同轴电缆

3.3.1　同轴电缆概述

同轴电缆（Coaxial Cable）由一根空心的外圆柱导体及其所包围的单根内导线所组成。外圆柱导体同导线用绝缘材料隔开，其频率特性比双绞线好，能进行较高速率的传输。由于它的屏蔽性能好，抗干扰能力强，通常多用于基带传输。

同轴电缆可分为两种基本类型，即基带同轴电缆（粗同轴电缆）和宽带同轴电缆（细同轴电缆）。粗同轴电缆的屏蔽线是用铜做成的网状的，特征阻抗为 50Ω，如 RG - 8、RG - 58 等；细同轴电缆的屏蔽层通常是用铝冲压成的，特征阻抗为 75Ω，如 RG - 59 等。

粗同轴电缆适用于比较大型的局部网络，它的标准距离长，可靠性高。由于安装时不需要切断电缆，因此可以根据需要灵活调整计算机的入网位置。但粗缆网络必须安装收发器和收发器电缆，安装难度也大，所以总体造价高。相反，细同轴电缆则比较简单，造价低，但由于安装过程要切断电缆，在两头装上基本网络连接头（BNC），然后接在"T"形连接器两端，所以当接头多时容易产生接触不良的隐患，这是目前运行中的以太网所发生的最常见故障之一。

为了保持同轴电缆的正确电气特性，电缆屏蔽层必须接地，同时两头要有终端来削弱信号反射作用。

无论是粗缆还是细缆均为总线拓扑结构，即一根缆上接多部机器，这种拓扑适用于机器密集的环境。但是当某触点发生故障时，故障会串联影响到整根缆上的所有机器，故障的诊断和修复都很麻烦，所以它们逐步被非屏蔽双绞线或光缆取代。

（1）同轴电缆的物理结构

同轴电缆由中心导体、绝缘材料层、网状织物构成的屏蔽层以及外部隔离材料层组成，其结构示意图如图 3-2 所示。

同轴电缆具有柔性，能支持 254mm 的弯曲半径。中心导体是直径为 2.17mm ± 0.013mm 的实心铜线。绝缘材料要求满足同轴电缆的电气参数。屏蔽层是由满足传输阻抗和 ECM 规范说明的金属带或薄片组成，屏蔽层的内径为 6.15mm，外径为 8.28mm。外部隔离材料一般选用聚氯乙烯（如 PVC）或类似材料。

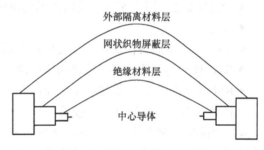

图 3-2　同轴电缆结构示意图

（2）同轴电缆的主要电气参数

1）同轴电缆的特性阻抗：同轴电缆的平均特性阻抗为 50Ω ± 2Ω。

2）同轴电缆的衰减：500m 长的电缆段的衰减值，当用 10MHz 的正弦波进行测量时，不超过 8.5dB（17dB/km），而用 5MHz 的正弦波进行测量时不超过 6.0dB（12dB/km）。

3）同轴电缆的传播速度：同轴电缆的最低传播速度为 0.77c（c 为光速）。

4）同轴电缆直流回路电阻：电缆中心导体的电阻与屏蔽层的电阻之和不超过 10mΩ/m（在 20℃下测量）。

（3）同轴电缆的物理参数

1）同轴电缆具有足够的可柔性。

2）能支持 254mm 的弯曲半径。

3）中心导体是直径为 2.17mm ± 0.013mm 的实心铜线，绝缘材料要求是满足同轴电缆电气参数的绝缘材料。

4）屏蔽层是由满足传输阻抗和 ECM 规范说明的金属带或薄片组成，屏蔽层的内径为 6.15mm，外径为 8.28mm。外部隔离材料一般选用聚氯乙烯（如 PVC）或类似材料。

3.3.2　同轴电缆组网

细同轴电缆不可绞接，各部分是通过低损耗的 75Ω 连接器来连接的。连接器在物理性能上与电缆相匹配，中间接头和耦合器用线管包住，以防不慎接地。若希望电缆埋在光照射不到的地方，最好把电缆埋在冰点以下的地层里。如果不想把电缆埋在地下，最好采用电杆来架设。同轴电缆每隔 100m 设置一个标记，以便于维修，必要时每隔 20m 要对电缆进行支撑。在建筑物内部安装时，要考虑便于维修和扩展，在必要的地方还要提供管道来保护电缆。

在计算机网络布线系统中，对同轴电缆的粗缆和细缆有三种不同的构造方式，即细缆结构、粗缆结构和粗/细缆混合结构，它们的主要应用简述如下。

（1）细缆网络

细缆网络的硬件配置如下：

1）网络接口适配器。网络中每个节点需要一个提供 BNC 接口的以太网卡、便携式适配器或 PCMCIA 卡。

2）BNC"T"形连接器。细缆以太网上的每个节点通过"T"形连接器与网络进行连接，其水平方向的两个插头用于连接两段细缆，与之垂直的插口与网络接口适配器上的 BNC 连接器相连。

3）细缆系统。用于连接细缆以太网的电缆系统，包括以下几部分：

- 细缆。
- BNC 连接器插头，安装在细缆段的两端。
- BNC 桶形连接器，用于连接两段细缆。
- BNC 终端匹配器，安装在干线段的两端，用于防止电子信号的反射。干线段电缆两端的终端匹配器必须有一个接地。

4）中继器。对于使用细缆的以太网，每个干线段的长度不能超过 185m，可以用中继器连接两个干线段来扩充主干电缆的长度，每个以太网中最多可以使用 4 个中继器，连接 5 段干线电缆。

细缆组网的主要技术参数如下：

- 最大干线电缆长度为 185m。
- 最大网络干线电缆长度为 925m。
- 每条干线段支持的最大节点数为 30 个。
- BNC"T"形连接器之间的最小距离为 0.5m。

细缆网络的主要特点有以下几点：

- 容易安装。
- 造价较低。
- 网络抗干扰能力强。
- 网络维护和扩展比较困难。
- 细缆系统的断点较多，影响网络系统的可靠性。

（2）粗缆网络

建立一个粗缆以太网需要如下硬件：

1）网络接口适配器：网络中每个节点需要一个提供 AUI 接口的以太网卡、便携式适配器或 PCMCIA 卡。

2）收发器（Transceiver）：粗缆以太网上的每个节点通过安装在干线电缆上的外部收发器与网络进行连接，在连接粗缆以太网时，用户可以选择任何一种标准的以太网收发器，例如以太网（IEEE802.3）类型的外部收发器。

3）收发器电缆：用于连接节点和外部收发器，通常称为 AUI 电缆。

4）粗缆系统：用于连接粗缆以太网的电缆系统，包括以下几部分：

- 粗缆（RG‐IIA/U）：直径为 10mm、特征阻抗为 50Ω 的粗同轴电缆，每隔 2.5m 有一个标记。
- N‐系列连接器插头：安装在粗缆段的两端。
- N‐系列桶形连接器：用于连接两段粗缆。
- N‐系列终端匹配器：N‐系列 50Ω 的终端匹配器安装在干线电缆段的两端，用于防止电子信号的反射，干线电缆段两端的终端匹配器必须有一个接地。
- 中继器：对于使用粗缆的以太网，每个干线段的长度不超过 500m，可以用中继器连接两个干线来扩充主干电缆的长度，每个以太网中最多可以使用 4 个中继器，连接 5 段干线电缆。

粗缆组网的主要技术参数如下：

- 最大干线电缆长度为 500m。
- 最大网络干线电缆长度为 2500m。
- 每条干线支持的最大节点数为 100 个。
- 收发器之间最小距离为 2.5m。

粗缆网络的主要特点有以下几点：

- 具有较高的可靠性，网络抗干扰能力强。
- 具有较大的地理覆盖范围，最大距离可达 2500m。
- 网络安装、维护和扩展比较困难。
- 造价高。

（3）粗/细缆混合网络

在建立一个粗/细缆混合以太网时，除需要使用与粗缆以太网和细缆以太网相同的硬件外，还必须提供粗缆和细缆之间的连接硬件，连接硬件包括：

1）N‐系列插口到 BNC 插口连接器。

2）N‐系列插头到 BNC 插口连接器。

粗/细缆混合组网的主要技术参数如下：

- 最大的干线长度大于 185m，小于 500m。
- 最大网络干线电缆长度大于 925m，小于 2500m。

为了降低系统的造价，在保证一条混合干线所能达到的最大长度的情况下，应尽可能多地使用细缆。可以用式(3-1)计算出在一条混合的干线段中能够使用细缆的最大长度：

$$t = (500m - L)/3.28 \tag{3-1}$$

式中，L 为要构造的干线段长度；t 为要使用细缆的最大长度。

例如，若要构造一条400m的干线段，能够使用细缆的最大长度为

$$(500m - 400m) / 3.28 = 30m$$

粗/细缆混合网络的主要特点有以下几点：

- 造价合理。
- 网络抗干扰能力强。
- 网络维护和扩展比较困难。
- 增加了电缆系统的断点数，但会影响网络的可靠性。

目前，同轴电缆结构的网络只在楼宇控制、工业自动化行业使用。

同轴电缆一般安装在设备与设备之间，在每一个用户位置上都装有一个连接器为用户提供接口，接口的安装方法有以下两种。

- 细缆：将细缆切断，两头装上BNC头，然后接在"T"形连接器两端，用于传输速率为1Mbit/s的网络。
- 粗缆：一般采用一种类似夹板的Tap装置进行安装，它利用Tap上的引导针穿透电缆的绝缘层，直接与导体相连，电缆两端头要有终结器来削弱信号的反射作用，用于传输速率为10Mbit/s的网络。

3.4　光缆的种类与性能

3.4.1　光缆概述

光缆是数据传输中最有效的一种传输介质，本节将简要介绍光纤的结构、种类、光纤通信系统和基本构成。

光纤通常由石英玻璃制成，是横截面积很小的双层同心圆柱体，其质地脆、易断裂，由于这一缺点，需要外加保护层，光纤剖面结构示意图如图3-3所示。

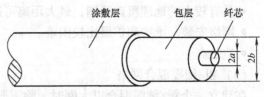

图3-3　光纤剖面结构示意图

光缆按传输模式分为多模光缆和单模光缆，它们对应的光纤分为多模光纤和单模光纤。光缆的光纤工作波长有短波850nm、1300nm，长波1310nm和1550nm。

光纤损耗一般随波长的增加而减小，850nm的损耗一般为2.5dB/km。光缆具有以下几个优点：

1）较宽的频带。

2）电磁绝缘性能好。光缆中传输的是光束，而光束是不受外界电磁干扰影响的，而且本身也不向外辐射信号，因此它适用于长距离的信息传输以及要求高度安全的场合。当然，接头困难是它固有的难题，因为割开光缆需要再生和重发信号。

3）衰减较小，可以说在较大范围内是一个常数。

4）中继器的间隔距离较大，因此整个通道中继器的数目可以减少，这样可降低成本。

根据贝尔实验室的测试，当数据速率为 420Mbit/s 且距离为 119km 无中继器时，其误码率为 10^{-8}，可见其传输质量很好。而同轴电缆和双绞线在长距离使用中就需要接中继器。

3.4.2　光缆、光纤及纤芯的分类

光缆主要有两大类，即单模光缆和多模光缆。

1. 单模光缆

单模光缆的光纤芯很细，工作波长为 1310 ~ 1550nm，色散很小，适用于远程通信。常规单模光缆的主要参数是由国际电信联盟 ITU－T 在 G652 建议中确定的，因此这种光缆又称为 G652 光缆。

2. 多模光缆

多模光缆的光纤芯较粗（50μm 或 62.5μm），可传输多种模式的光。但其模间色散较大，这就限制了数字信号的传输距离，因此，多模光缆传输的距离比较近，一般只有 2km。

3. 单模光纤

单模光纤（Single Mode Fiber，SMF）的纤芯直径很小，在给定的工作波长上只能以单一模式传输，传输频带宽，传输容量大。光信号可以沿着光纤的轴向传播，因此光信号的损耗很小，离散也很小，传播的距离较远。单模光纤 PMD 规范建议芯径为 8 ~ 10μm，包层直径为 125μm；计算机网络用的单模光纤纤芯直径分为 10μm、9μm，包层为 125μm；在导入波长上，单模分为 1310nm、1550nm。

4. 多模光纤

多模光纤（Multi Mode Fiber，MMF）是在给定的工作波长上能以多个模式同时传输的光纤。多模光纤的纤芯直径一般为 50 ~ 200μm，而包层直径的变化范围为 125 ~ 230μm，计算机网络用的多模光纤纤芯直径分为 62.5μm、50μm，包层为 125μm，也就是通常所说的 62.5μm。

导入波长分为 850nm、1300nm。与单模光纤相比，多模光纤的传输性能要差。

5. 纤芯分类

1）按照纤芯直径可划分为以下几种：

- 50μm/125μm 缓变型多模光纤。
- 62.5μm/125μm 缓变增强型多模光纤。
- 10μm/125μm 缓变型单模光纤。

2）按照光纤芯的折射率分布可分为以下几种：

- 阶跃型光纤（Step Index Fiber，SIF）。
- 梯度型光纤（Graded Index Fiber，GIF）。
- 环形光纤（Ring Fiber）。
- W 形光纤。

3.4.3　光缆与光纤的关系

光缆与光纤的关系如图 3-4 所示，一根光缆包含多根光纤。

光纤有单模和多模之分，其特性比较见表 3-1。

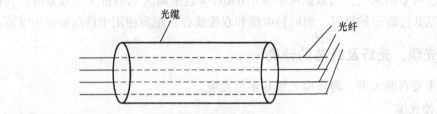

图 3-4 光缆与光纤的关系

表 3-1 单模和多模光纤特性比较

光纤模式	单　模	多　模
特性	用于高速、长距离	用于低速、短距离
	成本高	成本低
	芯线窄、需激光源	芯线宽、聚光好
	耗散极小、高效	耗散大、低效

　　在使用光缆连接多个小型机的应用中，必须考虑光纤的单向特性，如果要进行双向通信，就应使用双股光纤。由于要对不同频率的光进行多路传输和多路选择，故在通信器件市场上又出现了光学多路转换器。

　　光纤的类型由材料（玻璃或塑料纤维）及芯和外层尺寸决定，芯的尺寸大小决定光的传输质量。常用的光缆见表 3-2。

表 3-2 常用的光缆

光纤模式	芯和外层尺寸
单模	9μm 芯/125μm 外层
单模	10μm 芯/125μm 外层
多模	62.5μm 芯/125μm 外层
多模	50μm 芯/125μm 外层

　　安装光缆需小心谨慎。每条光缆的连接都要磨光端头，通过电烧烤工艺与光学接口连在一起，要确保光通道不被阻塞。光纤不能拉得太紧，也不能形成直角。

3.4.4 光纤通信系统简述

1. 光纤通信系统

　　光纤通信系统是以光波为载体、光导纤维为传输介质的通信方式，起主导作用的是光源、光纤、光发送机和光接收机。

　　1）光源——光源是光波产生的根源。

　　2）光纤——光纤是传输光波的导体。

　　3）光发送机——光发送机负责产生光束，将电信号转变成光信号，再把光信号导入光纤。

　　4）光接收机——光接收机负责接收从光纤上传输过来的光信号，并将它转变成电信号，经解码后再做相应处理。

2. 光端机

光端机是光通信的一个主要设备，主要分为两大类：模拟信号光端机和数字信号光端机。

模拟信号光端机主要分为调频式光端机和调幅式光端机。由于调频式光端机比调幅式光端机的灵敏度高约 16dB，所以市场上的模拟信号光端机是以调频式 FM 光端机为主导的，调幅式光端机是很少见的。光端机一般按方向分为发射机（T）、接收机（R）、收发机（X）。作为模拟信号的 FM 光端机，现行市场上主要有以下几种类型。

（1）单模光端机/多模光端机

光端机根据系统的传输模式可分为单模光端机和多模光端机。一般来说，单模光端机光信号传输可达几十千米的距离，模拟信号光端机有些型号可无中继地传输 100km。而多模光端机的光信号一般传输距离为 2～5km。这一点也可作为光纤系统中对一般光端机选择的参考标准。

（2）数据/视频/音频光端机

光端机根据传输信号又可分为数据（RS-232/RS-422/RS-485/曼彻斯特 TTL/常开触点/常闭触点）光端机、视频光端机、音频光端机、视频/数据光端机、视频/音频光端机、视频/数据/音频光端机以及多路复用光端机，并具备 10～100Mbit/s 以太网（IP）数据传输功能。

（3）独立式/插卡式/标准式光端机

- 独立式光端机可独立使用，但需要外接电源。独立式光端机主要应用于系统远程设备比较分散的场合。
- 插卡式光端机中的模块可插入插卡式机箱中工作，每个插卡式机箱为 19in 机架，具有 18 个插槽。插卡式光端机主要应用在系统的控制中心，便于系统安装和维护。
- 标准式光端机可独立使用，采用标准 19in IU 机箱。标准式光端机可安装在系统远程设备及系统控制中心标准 19in 机柜中。

3. 光纤通信系统的主要优点

- 传输频带宽，通信容量大，短距离时传输速率达几千兆位每秒。
- 线路损耗低，传输距离远。
- 抗干扰能力强，应用范围广。
- 线径细，重量轻。
- 抗化学腐蚀能力强。
- 光纤制造资源丰富。

在网络工程中，一般是 62.5μm/125μm 规格的多模光纤，有时用 50μm/125μm 规格的多模光纤。户外布线大于 2km 时可选用单模光纤。在进行综合布线时需要了解光纤的基本性能。

为了便于阅读，下面对直径、重量、拉力和弯曲半径解释如下：

① 直径单位用 mm。

② 重量单位用 kg/km。

③ 拉力单位用 N（牛顿），安装时最大为 2700N。

④ 弯曲半径指光缆安装拐弯时的弯曲半径。

3.4.5　光缆的结构和分类

1. 光缆的结构

光缆是以一根或多根光纤或光纤束制成的符合化学、机械和环境特性的结构。不论何种结构形式的光缆，基本上都是由缆芯、护层和加强元件三部分组成。

（1）缆芯

缆芯结构应满足以下基本要求：

① 使光纤在缆内处于最佳位置和状态，保证光纤传输性能稳定。在光缆受到一定打拉、侧压等外力时，光纤不应承受外力影响。

② 缆芯中的加强元件应能承受拉力。

③ 缆芯截面积应尽可能小，以降低成本。

缆芯内有光纤、套管或骨架和加强元件，在缆芯内还需填充油膏，具有可靠的防潮性能，防止潮气在缆芯中扩散。

（2）护层

光缆的护层主要是对已成缆的光纤芯起保护作用，避免受外界机械力和环境损坏，使光纤能适用于各种敷设场合，因此要求护层具有耐压力、防潮、温度特性好、重量轻、耐化学侵蚀和阻燃等特点。

光缆的护层可分为内护层和外护层。内护层一般采用聚乙烯或聚氯乙烯等，外护层可根据敷设条件而定，采用铝带和聚乙烯组成的 LAP 外护套加钢丝铠装等。

（3）加强元件

加强元件主要是承受敷设安装时所加的外力。光缆加强元件的配置方式一般分为"中心加强元件"方式和"外周加强元件"方式。一般层绞式和骨架式光缆的加强元件均处于缆芯中央，属于"中心加强元件"（加强芯）；中心管式光缆的加强元件从缆芯移到护层，属于"外周加强元件"。加强元件一般有金属钢线和非金属玻璃纤维增强塑料（FRP）。使用非金属加强元件的非金属光缆能有效地避免雷击。

2. 典型结构的光缆

常用的光缆结构有层绞式、骨架式、中心束管式和带状式四种。

（1）层绞式光缆

层绞式光缆是经过套塑的光纤在加强芯周围绞合而成的一种结构。层绞式结构光缆收容光纤数有限，多数为 6～12 芯，也有 24 芯的。随着光纤数的增多，出现了单元式绞合：一个松套管就是一个单元，其内可有多根光纤。层绞式光缆结构如图 3-5 所示。

（2）骨架式光缆

骨架式光缆是将紧套光纤或一次涂覆光纤放入螺旋形塑料骨架凹槽内而构成的，骨架的中心是加强元件。在骨架式光缆的一个凹槽内，可放置一根或几根涂覆光纤，也可放置光纤带，从而构成大容量的光缆。骨架式光缆对光纤保护较好，耐压、抗弯性能较好，但制造工艺复杂。骨架式光缆结构如图 3-6 所示。

（3）中心束管式光缆

中心束管式光缆是将一次涂覆光纤或光纤束放入一个大塑料套管中，加强元件配置在塑料套管周围而构成的。中心束管式光缆如图 3-7 所示。

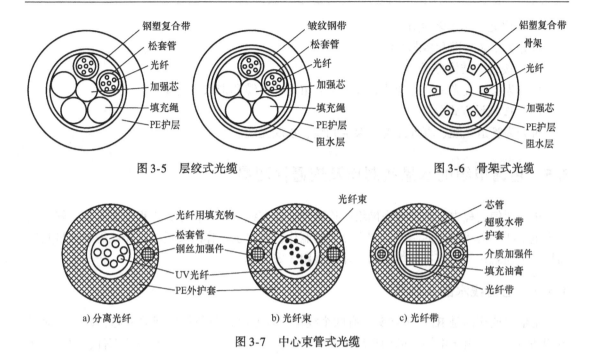

图 3-5　层绞式光缆

图 3-6　骨架式光缆

a) 分离光纤　　　　　　　　b) 光纤束　　　　　　　　c) 光纤带

图 3-7　中心束管式光缆

（4）带状式光缆

带状式光缆结构是将多根一次涂覆光纤排列成行制成带状光纤单元，然后再把带状光纤单元放入塑料套管中，形成中心束管式结构；也可以把带状光纤单元放入凹槽内或松套管内，形成骨架式或层绞式结构。带状结构光缆的优点是可容纳大量的光纤（一般在 100 芯以上），满足作为用户光缆的需要；同时每个带状光缆单元的接续可以一次完成，以适应大量光纤接续、安装的需要。带状式光缆如图 3-8 所示。

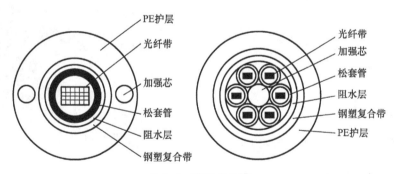

图 3-8　带状式光缆

3. 光缆的种类

（1）按传输性能、距离和用途分类

可分为市话光缆、长途光缆、海底光缆和用户光缆。

（2）按光纤的种类分类

可分为多模光缆、单模光缆。

（3）按使用环境和场合分类

可分为室外光缆、室内光缆和特种光缆。

（4）按光纤芯数多少分类

可分为单芯光缆和多芯光缆。

（5）按缆芯结构分类

可分为层绞式光缆、骨架式光缆、中心束管式光缆和带状式光缆。

（6）按敷设方式分类

可分为管道光缆、直埋光缆、架空光缆、水底光缆。

3.5　色谱电缆的水晶头制作及连通性测量

由于通信过程中必须要考虑网络的连通性，在有线网络里，作为工程施工人员，就必须考虑电话线和网线端头的制作，即水晶头的制作，并保证制作的质量，这样就需要测量其连通性，下面就这些内容在教学中的具体实践跟大家分享。

3.5.1　电话线水晶头制作

电话线使用的是 RJ-11 接头，有四个线位，普通电话只使用中间的两芯，数字电话需要四条线都接。由于电话线的两根线传递的是交流信号，电话里面又有整流部件，因此要在制作过程保证电话线两端线序一致。以 HYV 型电话线为例，两芯、四条芯线如图 3-9 所示。

1）用电话线压接钳的切线槽口剪裁适当长度的电话线。

2）用压接钳的剥线口将电话线一端的外层保护壳剥下约 1.5cm（太长的接头容易松动，太短接头的金属刀口不能与芯线完全接触），注意不要伤到里面的芯线，也可以使用电话线和网线通用的网线钳，如图 3-10 所示。

图 3-9　电话线图

图 3-10　网线钳

3）将芯线分开，用斜口钳将芯线顶端剪齐。

电话机包括模拟话机和数字话机，一般标注 DTMF 的话机为模拟话机，只用中间两芯，而且没有极性之分；如果是传真机或数字话机，比如话机本身有电话会议以及编程功能，则需连接四条芯线，图 3-11 为剥开的四条芯线。

4）将水晶头有弹片的一侧向下放置，然后将芯线水平插入水晶头的线槽中，插入线槽的时候芯线没有顺序要求，只需保持电话线两端的芯线顺序一致即可。注意导线顶端应插到底，以免压线时水晶头上的金属刀口与导线接触不良，图 3-12 为线芯插入水晶头过程。

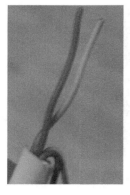

　　图 3-11　四条芯线　　　　　　　　　　　　图 3-12　线芯插入水晶头

　　5）确认导线的线序正确且到位后，将水晶头放入压线钳的夹槽中，再用力压紧，使水晶头夹紧在双绞线上。最好是反复握几次，使铜压刀完全没入水晶头内。至此，电话一端的水晶头就压制好了，压制水晶头如图 3-13 所示。

　　6）用同样的方法制作电话线的另一端接头。注意两端的接线顺序相同。

　　7）使用测线仪来测试制作的电话线是否连通。连通测试如图 3-14 所示。

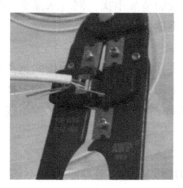

　　图 3-13　压制水晶头　　　　　　　　　　　图 3-14　连通测试

3.5.2　网线水晶头制作

　　（1）剪线

　　测量网线使用长度，使用压线钳的剪切口，剪取一段网线，如图 3-15 所示。

　　（2）剥线

　　用压线钳的剥线刀口将网线的外保护套管划开（小心不要将里面的双绞线的绝缘层划破），将划开的外保护套管剥去（旋转、向外抽），如图 3-16 所示。

　　（3）排列线序

　　把每对都相互缠绕在一起的线缆逐一解开，解开后按照 EIA／TIA—568B 标准和导线颜色将导线按规定的序号排好（白橙、橙色、绿白、蓝色、蓝白、绿色、棕白、棕色），如图 3-17 所示。

　　图 3-15　剪取网线

图 3-16　剥线

图 3-17　排列线序

（4）理顺导线

将 8 根导线平坦整齐地平行排列、扯直，导线间不留空隙，避免导线的缠绕和重叠。

（5）剪齐导线顶部

利用压线钳的剪切口把线缆顶部裁剪整齐，需要注意的是，裁剪的时候应该是水平方向插入，否则线缆长度不一致将会影响到线缆与水晶头的正常接触。如果剥下过多保护层，则将过长的细线剪短，保留的去掉外层保护层的部分约为 15mm，这个长度正好能将各细导线插入到各自的线槽。如果该段留得过长，导致线对不再互绞而增加串扰，同时水晶头不能压住护套而可能导致电缆从水晶头中脱出，造成线路的接触不良甚至中断。

（6）将导线插入水晶头

将水晶头有塑料弹簧片的一面向下，有针脚的一面向上，使有针脚的一端指向远离自己的方向，让方形孔的一端对着自己。此时，最左边的是第 1 脚，最右边的是第 8 脚。插入的时候需要注意缓缓地用力把 8 条线缆同时沿 RJ－45 头内的 8 个线槽插入，一直插到线槽的顶端，如图 3-18 所示。

（7）压线

在检查无误后，把水晶头插入压线钳的 8P 槽内，用力握紧线钳，若单手力气不够的话，可以使用双手一起压，这样一压的过程使得水晶头凸出在外面的针脚全部压入水晶头内，受力之后听到轻微的"啪"一声即可，如图 3-19 所示。

图 3-18　插导线

图 3-19　压线

（8）测试

将网线两端的 RJ－45 水晶头插入测试仪的两个接口之后，打开测试仪的开关，可以看到测试仪上的两组指示灯都在闪动。若测试的线缆为直通线缆，则在测试仪上的 8 个指示灯应该依次为绿色闪过，说明网线制作成功，如图 3-20 所示。

（9）设备间连接

568A 用于集线器到集线器之间的连接，568B 用于计算机到集线器（或计算机到调制解调器）之间的连接。

（10）568B 标准的线序

橙白—1，橙—2，绿白—3，蓝—4，蓝白—5，绿—6，棕白—7，棕—8。

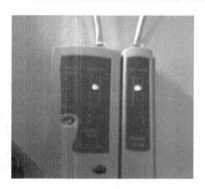

图 3-20　测试

（11）如何使用网线测试仪来测量网线

将网线两端的 RJ-45 水晶头插入测试仪的两个接口之后，打开测试仪的开关，可以看到测试仪上的两组指示灯都在闪动。若测试的线缆为直通线缆，则在测试仪上的 8 个指示灯应该依次为绿色闪过，说明网线制作成功。

3.6　大对数电缆的线序

（1）通信电缆的色谱

通信电缆的色谱共由 10 种颜色组成，包括 5 种主色和 5 种次色，5 种主色和 5 种次色又组成 25 种色谱。不管通信电缆对数多大，通常大对数通信电缆都是按 25 对色为 1 小组，并用色带缠绕组成。

（2）线对区分法

每对线由主色和次色组成。例如，主色的白色分别与次色中各色组成 1~5 号线对。依此类推可组成 25 对，这 25 对为一基本单位。

（3）扎带区分法

基本单位间用不同颜色的扎带扎起来以区分顺序。扎带颜色也由基本色组成，顺序与线对排列顺序相同。若白蓝扎带为第一组，线序号为 1~25；白橙扎带为第二组，线序号为 26~50，依此类推，标准线序表见表 3-3。

表 3-3　标准线序表

10 对通信电缆的标准线序									
线序	颜色	线序	颜色	线序	颜色	线序	颜色	线序	颜色
1	白蓝	2	白橙	3	白绿	4	白棕	5	白灰
6	红蓝	7	红橙	8	红绿	9	红棕	10	红灰
25 对通信电缆的标准线序									
线序	颜色	线序	颜色	线序	颜色	线序	颜色	线序	颜色
1	白蓝	2	白橙	3	白绿	4	白棕	5	白灰
6	红蓝	7	红橙	8	红绿	9	红棕	10	红灰
11	黑蓝	12	黑橙	13	黑绿	14	黑棕	15	黑灰
16	黄蓝	17	黄橙	18	黄绿	19	黄棕	20	黄灰
21	紫蓝	22	紫橙	23	紫绿	24	紫棕	25	紫灰

思考与练习

1. 什么是双绞线？有什么特点？
2. 什么是同轴电缆？有什么特点？
3. 光缆的种类有哪些？各有什么特点及用途？
4. 按光在光纤中的传输模式分类，光纤有哪几类？它们在结构和用途上各有什么不同？
5. 在工程技术人员指导下学会制作水晶头，规范操作。

第4章　网络设备及互联

网络设备是计算机网络中的重要组成部分，常用的设备有中继器、集线器、交换机、路由器、防火墙等。

4.1　物理层的网络互联设备

4.1.1　中继器

中继器是连接网络线路的一种装置，常用于两个网络节点之间物理信号的双向转发工作。中继器是最简单的网络互联设备，主要完成物理层的功能，负责在两个节点的物理层上按位传递信息，完成信号的复制调整和放大功能，以此来延长网络的长度。

由于存在损耗，因此在线路上传输的信号功率会逐渐衰减，衰减到一定程度时将造成信号失真，甚至会导致接收错误。中继器就是为解决这一问题而设计的，它完成物理线路的连接，对衰减的信号进行放大，让原数据尽可能保真。

一般情况下，中继器的两端连接的是相同的媒体，但有的中继器也可以完成不同媒体的转接工作。从理论上讲，中继器的使用是无限的，网络也因此可以无限延长。但事实上，这是不可能的，因为网络标准中都对信号的延迟范围做了具体的规定，中继器只能在此规定范围内进行有效的工作，否则会引起网络故障。

4.1.2　集线器

集线器工作在 OSI/RM 的物理层，没有相匹配的软件系统，是纯硬件设备。集线器的主要作用是将多台计算机和网络设备连接在一起构成共享式局域网，同时它还可以将从任意端口接收到的信号进行整体放大，再复制到其他端口，从而起到对信号进行中继的作用。

集线器的端口带宽主要有 10Mbit/s 和 100Mbit/s 两种。集线器是指共享式集线器，其带宽为所有端口共享。例如，从宏观来看，一台 16 端口、传输速率为 100Mbit/s 的集线器，当全部端口都使用时，每一端口的带宽就只有 100Mbit/s 的 1/16。从微观来看，连接在集线器上的任何一个设备发送数据时，其他所有设备必须等待，此设备享有全部带宽，通信完毕，再由其他设备使用带宽。集线器连接了一个冲突域的网络，所有设备相互交替使用，就好像大家一起过一根独木桥一样。

集线器不能判断数据包的目的地和类型，所以如果是广播数据包也依然转发，而且所有设备发出的数据以广播方式发送到每个接口，这样集线器也连接了一个广播域的网络，即集线器不能打破冲突域和广播域。

4.1.3　调制解调器

调制解调器是计算机联网中的一个设备，它是一种计算机硬件，它能把计算机产生出来的信息翻译成可通过普通电话线传送的模拟信号。而这些模拟信号又可由线路另一端的另一调制解调器接收，并译成接收计算机可懂的语言。目前调制解调器在市场中的应用已经不多了。

4.2　数据链路层设备

4.2.1　网卡

1. 网卡概述

网卡是 OSI 模型中数据链路层的设备。

网卡是 LAN 的接入设备，是单机与网络间架设的桥梁。它主要完成如下功能。

1）读入由其他网络设备（路由器、交换机、集线器或其他 NIC）传输过来的数据包，经过拆包，将其变成客户机或服务器可以识别的数据，通过主板上的总线将数据传输到所需设备中（CPU、RAM 或硬盘驱动器）。

2）将 PC 设备（CPU、RAM 或硬盘驱动器）发送的数据打包后输送至其他网络设备中。

由于网卡采用 ASIC 和先进的元器件，大大提高了性能和集成度，另外成本也降低了许多。用网卡驱动软件优化传输操作时序，可以使管道任务的重叠达到最大，延时达到最小。

2. 网卡的类型

一般的网卡占用主机的资源较多，对主 CPU 的依赖较大，而智能型网卡拥有自己的 CPU，可大大增加 LAN 带宽，并且有独立的 I/O 子系统，可将通道处理移至独立的自身处理器上。

100Mbit/s 和 1000Mbit/s 高速以太网是由当今流行的 10Mbit/s 以太网发展而来的，它保留了 CSMA/CD 协议，从而使得 10Mbit/s、100Mbit/s、1000Mbit/s 以太网在带宽上可以方便地连接起来，不需要协议转换。100Mbit/s 和 1000Mbit/s 以太网的传输速率比传统的 10Mbit/s 以太网提高了 10~100 倍，理论上数据吞吐量可达 80~8000Mbit/s。

100Mbit/s、1000Mbit/s 以太网网卡的推出使以太网进入了高速网的行列，基于交换机和共享集线器实现 100Mbit/s 或 1000Mbit/s 的共享速度。高性能的网络需要高性能的网卡，由于有了高性能的硬件、软件和算法以及先进的技术，网卡的性能得到大大的提高，使网络用户可以得到更强大、更全面的服务。

以总线类型来看，网卡主要有 ISA、EISA、PCMCIA、PCI、MC（MicroChannel）5 种类型，它们的作用分别解析如下。

（1）ISA 卡

ISA（Industry Standard Architecture，工业标准体系结构）卡总线可作为传输速率为 10Mbit/s（在 10Mbit/s 交换制时）或 100Mbit/s 以太网的媒介。

（2）PCI 适配卡

PCI 为总线外部设备互联适配卡，它具有 32 位总线主控器，性能卓越，能够以高达 10Mbit/s 的速度进行操作。

（3）专为便携机设计的 PCMCIA 适配卡

PC 存储器接口卡（PCMCIA）遵循于 PCMCIA Release 2.0 的便携机适配要求，IBM 还提供以太网信用卡型适配卡 II 型（用于 10BASE - T 或 10BASE - 2）。该适配卡与 IEEE 802.3/Ethernet Version 2.0 网络兼容。另外，同一块以太网信用卡型适配卡，既可以连接 10BASE - T 缆线，也可以连接 10BASE - 2 缆线，这样就可以为那些需要使用两种网络的用户提供一个经济有效的解决方案。

（4）专为微通道系统设计的以太网 MC 适配卡

对于那些基于微通道体系结构的系统，IBM 提供 3 种以太网适配卡以供选择，IBMLAN Adapter/Au for Ethernet 便是其中之一。它是一种客户机适配卡，支持 16 位或 32 位。该适配卡配有接头，用于将微通道系统与所有的以太网配线系统相连。

（5）为 EISA 系统设计的以太网适配卡

EISA 以太网适配卡是为服务器和高性能工作站提供的一种 32 位总线主控器适配卡。它能够减少发送和接收数据所需的主机 CPU 时钟数，以及增加以太网的数据吞吐量，从而极大地提高网络性能。

4.2.2　网桥

网桥是一种在数据链路层实现中继，用于连接两个或更多个局域网的数据链路层设备，它处理的对象是数据链路层的协议数据单元（帧），其处理功能包括检查帧的格式、进行差错校验、识别目标地址、选择路由并实现帧的转发等。更准确地说，网桥包含了物理层和数据链路层两个功能层次，所以在以太网中，网桥也能起到延长传输距离的作用。

现代以太网中，更多地使用交换机代替了网桥，只有在简单的小型网络中才用微机软件实现网桥的功能。

4.2.3　交换机

交换机工作在 OSI/RM 的数据链路层。交换机的主要作用是将多台计算机和网络设备连接在一起构成交换式局域网。

交换机是端口带宽独享，端口之间可以采用全双工进行数据传输，实现数据的迅速转发。交换机比集线器先进，允许连接在交换机上的设备并行通信，好比高速公路上的汽车并行行驶一般，设备间通信不会再发生冲突，因此交换机打破了冲突域。例如，一台 100Mbit/s 全双工交换机在使用时，每对端口之间的数据接收或发送都会以 100Mbit/s 的速率进行传输，不会因为使用端口数的增加而减少每对端口之间的带宽。

有的系统的交换机可以记录 MAC 地址表，发送的数据不会再以广播方式发送到每个接口，而是直接到达目的接口，节省了接口带宽。但是交换机和集线器一样不能判断广播数据包，会把广播发送到全部接口，所以交换机和集线器一样连接了一个广播域网络。

高端一些的交换机不仅可以记录 MAC 地址表，还可以划分 VLAN（虚拟局域网）来隔离广播，但是 VLAN 间也同样不能通信。要使 VLAN 间能够通信，必须有三层设备介入。

交换机的端口带宽有 10Mbit/s、100Mbit/s、10/100Mbit/s 自适应、1000Mbit/s、10/100/1000Mbit/s 自适应以及 10Gbit/s 等多种，有些交换机只具有其中一种端口，有些则兼有两种或多种端口。

针对不同应用环境的需求，有多种类型的交换机产品。

1）按照网络覆盖范围分类，有广域网交换机和局域网交换机。

2）按照传输介质和传输速率分类，有以太网交换机、快速以太网交换机、千兆以太网交换机、万兆以太网交换机、ATM 交换机和 FDDI 交换机等。

3）按照端口结构分类，有固定端口交换机和模块化交换机。

4）按照是否支持网络管理划分，有网管型交换机和非网管型交换机。

5）按照协议层次分类，有第二层交换机、第三层交换机、第四层交换机和第七层交换机。

6）按照应用层次分类，有企业级交换机、校园网交换机、部门级交换机、工作组交换机和桌面型交换机。

7）按照网络设计层次分类，有接入层交换机、汇聚层交换机和核心层交换机。

在现有的以太网 5 类布线基础架构不做任何改动的情况下，交换机为一些基于 IP 的终端（无线 AP、IP 电话、网络摄像机等小型网络设备）传输数据信号的同时，还可以为接入设备提供直流电源。直流供电技术是通过 4 对双绞线中空闲的 2 对来传输电能的，可以输出 44 ~ 57V 的直流电压、350 ~ 400mA 的直流电流，为功耗在 15.4W 以下的设备提供电源能量。该技术可以避免大量敷设独立的电力线，以简化系统布线，降低网络基础设施的建设成本。

无论如何称呼，交换机最根本的性能都是在第二层实现数据帧的线性交换。名称的不同，体现出来的是用户对交换机工作要求的不同。

4.3　网络层设备

路由器工作在 OSI/RM 的网络层（第三层）。路由器都有自己的操作系统，但没有像交换机那么多的接口。它的主要作用是转发网络层数据包，在复杂的网络拓扑结构中找出一条最佳的传输路径，采用逐站传递的方式，把数据包从源节点传输到目的节点。

4.3.1　路由器的功能

路由器的主要功能有以下几个：

1）在网络间截获发送到远地网段的报文，起转发的作用。

2）选择最合理的路由，引导通信。为了实现这一功能，路由器要按照某路由通信协议查找路由表。路由表中列出整个互联网络中包含的各个节点，以及节点间的路径情况和与它们相联系的传输费用。如果到特定的节点有一条以上路径，则基于预先确定的准则选择最优（最经济）的路径。由于各网络段和其互相连接情况可能会发生变化，因此路由情况的信息需要及时更新，这由所使用的路由信息协议规定的定时更新或者按变化情况更新来完成。网络中的每个路由器按照这一规则动态地更新它所保持的路由表，以便保持有效的路由信息。

3）路由器在转发报文的过程中，为了便于在网络间传送报文，按照预定的规则把大的数据包分解成适当大小的数据包，到达目的地后再把分解的数据包包装成原有形式。多协议的路由器可以连接使用不同通信协议的网络段，作为不同通信协议网络段通信连接的平台。

4）路由器的主要任务是把通信引导到目的地网络，然后到达特定的节点站地址。后一项功能是通过网络地址分解完成的。例如，把网络地址部分的分配指定成网络、子网和区域的一组节点，其余的用来指明子网中的特别站。分层寻址允许路由器对有很多个节点站的网络存储寻址信息。

在广域网范围内的路由器按其转发报文的性能可以分为两种类型，即中间节点路由器和边界路由器。尽管在不断改进的各种路由协议中，对这两类路由器所使用的名称可能有很大的差别，但它们所发挥的作用却是一样的。

中间节点路由器在网络传输中，提供报文的存储和转发，同时根据当前的路由表所保存的路由信息情况，选择最好的路径传送报文。由多个互联的 LAN 组成的公司或企业网络一侧和外界广域网相连接的路由器，就是这个企业网络的边界路由器。它从外部广域网收集向本企业网络寻址的信息，转发到企业网络中有关的网络段；另一方面集中企业网络中各个 LAN 段向外部广域网发送的报文，对相关的报文确定最好的传输路径。

事实上，路由器除了上述的路由选择这一主要功能外，还具有网络流量控制功能。有的路由器仅支持单一协议，但大部分路由器可以支持多种协议的传输，即多协议路由器。由于每一种协议都有自己的规则，要在一个路由器中完成多种协议的算法，势必会降低路由器的性能。因此，我们认为，支持多协议的路由器性能相对较低。用户购买路由器时，需要根据自己的实际情况，选择自己需要的网络协议的路由器。

近年来出现了交换路由器产品，从本质上来说它不是什么新技术，而是为了提高通信能力，把交换机的原理组合到路由器中，使数据传输能力更快、更好。

4.3.2 路由器的优缺点

（1）优点

1）适用于大规模的网络。

2）适合复杂的网络拓扑结构，为网络实现负载共享和最优路径选择功能。

3）能更好地处理多媒体。

4）安全性高。

5）隔离不需要的通信量。

6）节省局域网的频宽。

7）减少主机负担。

（2）缺点

1）它不支持非路由协议。

2）安装相对复杂。

3）价格偏高。

总之，路由器主要用来进行网络与网络的连接，将数据从一个网络发送到另一个网络，这个过程就叫路由。它不仅能隔离冲突域，还能检测广播数据包（主要指本地广播数据包），并丢弃广播包来隔离广播域。在路由器中记录着路由表，路由器以此来转发数据，以实现网络间的通信。路由器的介入可以使交换机划分的虚拟局域网（VLAN）实现互相通信。

路由器拥有软件系统，用于连接网络，可以打破冲突域也可以分割广播域，是连接大型网络的必备设备。

4.4　应用层设备

4.4.1　网关的基本概念

网关（Gateway）是连接两个协议差别很大的计算机网络时使用的设备，它可以将具有不同体系结构的计算机网络连接在一起。在 OSI/RM 中，网关属于最高层（应用层）的设备，如图 4-1 所示。

在 OSI 中有两种网关：一种是面向连接的网关，另外一种是无连接的网关。当两个子网之间有一定距离时，往往将一个网关分成两半，中间用一条链路连接起来，称之为半网关。

网关提供的服务是全方位的。例如，若要实现 IBM 公司的 SNA 与 DEC 公司的 DNA 之间的网关功能，则需要完成复杂的协议转换工作，并将数据重新分组后才能传送。网关的实现非常复杂，工作效率也很难提高，一般只提供有限的几种协议的转换功能。常见的网关设备都是用在网络中心的大型计算机系统之间的连接

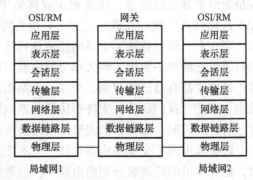

图 4-1　网关在 OSI/RM 中的位置

上，为普通用户访问更多类型的大型计算机系统提供帮助。

当然，有些网关可以通过软件来实现协议转换操作，并能起到与硬件类似的作用。但它是以损耗机器的运行时间为代价来实现的。

有关网关的问题，在众多的文章、资料中提到第三层网关、第四层网关的概念，我们认为这只是一种叫法，还有人将网关分为内部网关和外部网关。第三层网关是讨论网关怎样获得路由的；第四层网关是讨论网关在传输层所能发挥的作用。

网关可分为核心网关和非核心网关。核心网关（Core Gateway）由网络管理操作中心进行控制，而受到各个部门控制的被称为非核心网关。

网关的协议主要有以下几种：

1）网关—网关协议（GGP），主要进行路由选择信息的交换。

2）外部网关协议（EGP），是用于两个自治系统（局域网）之间选择路径信息的交换，自治系统采用 EGP 向 GGP 通报内部路径。

3）内部网关协议（IGP），包括 HELLO 协议、gated 协议，是讨论自治系统内部各网络路径信息的机制。

4.4.2　网关—网关协议简述

1. GGP 协议的使用

最初的 Internet 核心系统利用 GGP 可以在不用人为修改现有核心网关寻径表的情况下增加新的核心网关，当新网关加入核心系统时，分配到若干核心邻机（Core Neighbour，即与新网关相邻的核心网关）。各邻机已广播过各自的路径信息，新机加入后，向邻机广播报

文，告知本机所能直接到达的网络。各邻机收到该报文后，刷新各自的寻径表，并在下次周期性的路径广播中，将新网关的信息向其他网关广播出去。

2. GGP 协议的距离计量

在 GGP 协议广播的报文中，距离 D 按路径上的驿站数计，这是 GGP 协议不甚精确的地方。按理说，一条 IP 路径的长短应该按它的正常传输延迟（无拥塞、无重传、无等待）计算，驿站数跟传输延迟可以说是两码事。比如一条驿站数为 3 的以太网路径传输延迟显然比驿站数为 3 甚至 2 的串行线路径传输延迟小，而按照 GGP 协议，结论却恰恰相反。当然以驿站数计算路径长也有好处，那就是简单、易于实现。GGP 作为早期的路径广播协议，做得简单一些是可以理解的。

3. GGP 协议报文格式

作为网络层的子协议，GGP 报文是封装在 IP 数据报中传输的。GGP 报文分为四种，类型由报文中第一个字节"类型"域定义。最重要的 GGP 报文是 GGP 路径刷新报文。

4.4.3　外部网关协议简述

在网际网中，交换寻径信息的网关互为"邻机"（Neighbour），同属一个自治系统的邻机互为"内部邻机"（Interior Neighbour），分属不同自治系统的邻机互为"外部邻机"（Exterior Neighbour）。确切地说，EGP 是用于外部邻机间交换路径信息的协议。EGP 采用 V - D 算法，所以一般情况下，EGP 邻机位于同一网络上，这个网络本身同属于两个自治系统。要强调的是，所谓"邻机"仅就寻径信息交换而言，与是否位于同一物理网络没有关系。

EGP 的三大功能是：第一，邻机获取，网关可以请求另一自治系统中的某网关作为自己的外部邻机（称为 EGP 邻机），以便互换路径信息；第二，邻机测试，网关要不断测试其 EGP 邻机是否可以到达；第三，与 EGP 邻机交换寻径信息，通过周期性的路径刷新报文交换来实现。

4.4.4　内部网关协议族

内部网关协议（IGP）用于自治系统内部的路径信息交换。IGP 提供网关了解本自治系统内部各网络路径信息的机制。

在计算机网络技术中，无论任何操作，一旦通过协议描述出现，就意味着两点：第一，这些协议针对的是大量的或变化迅速的，或既大量又变化迅速的对象，这些对象很难用人工的方式进行处理；第二，这些协议描述的操作可以通过软件自动实现。

对内部网关协议的需求也不外乎出自上述两点。在小型的变化不大的网间网中，完全可以由管理员人为地构造和刷新网关寻径表，但在大型、变化剧烈的网间网中，人工方式远远满足不了需要。随着网间网规模的扩大，内部网关协议应运而生。

与外部网关协议 EGP 不同的是，内部网关协议不止一个，而是一族，它们的区别在于距离制式（Distance Metric，即距离度量标准）不同，或在于路径刷新算法不同。为简便计，把这些内部网关协议统称为 IGP（Interior Gateway Protocol）。

出现不同的 IGP 既有技术上的原因，也有历史的原因。从技术方面看，不同的自治系统的拓扑结构和所采用的技术不同，这种差别为不同 IGP 的出现提供了可能。从历史的角度看，在网间网发展的早期，没有出现一种良好的广为接受的 IGP 协议，造成了目前 IGP 协议纷呈的局面。在现在的网间网中，大多数自治系统都使用自己的 IGP 进行内部路径信息广播，有些甚至采用 EGP 代替 IGP。

4.5 防火墙

防火墙工作在 OSI/RM 的网络层和传输层，它根据管理员设定的网络策略进行网络访问控制，尽可能地对外屏蔽内部网络信息、结构和运行状况，保护信息和网络安全。防火墙总体上可以分为包过滤防火墙、状态检测防火墙和应用代理防火墙三类。

4.5.1 防火墙的作用

网络面临的安全威胁大体可分为两种：一是对网络数据的威胁；二是对网络设备的威胁。这些威胁可能来源于各种各样的因素，可能是有意的，也可能是无意的，可能是来源于企业外部的，还可能是内部人员造成的，还可能是自然力造成的。总结起来，大致有以下几种主要威胁。

1) 非人为、自然力造成的数据丢失、设备失效、线路阻断。

2) 人为的但属于操作人员无意的失误造成的数据丢失。

3) 来自外部和内部人员的恶意攻击和入侵。

前面两种的预防与传统电信网络基本相同。最后一种是当前 Internet 所面临的最大的威胁，是电子商务、政府上网工程等顺利发展的最大障碍，也是企业网络安全策略最需要解决的问题。目前解决网络安全最有效的方法之一是采用防火墙。

由于 Internet 的迅速发展，为人们提供了发布信息和检索信息的场所，但它也带来了信息污染和信息破坏的危险，人们为了保护其数据和资源的安全，开始使用防火墙。

防火墙从本质上说是一种保护装置，它保护的是数据、资源和用户的声誉。

数据——是指用户保存在计算机里的信息，需要保护的数据有三个典型的特征：

1) 保密性：是用户不需要被别人知道的。

2) 完整性：是用户不需要被别人修改的。

3) 可用性：是用户希望自己能够使用的。

资源——是指用户计算机内的系统资源。

声誉——作为用户的计算机本身并不存在什么声誉的事情，问题在于一个入侵者会冒充你的身份出现在 Internet 上，做一些不是你做的事，或者冒充你的身份在 Internet 上遍游世界，调阅需要付费的资料，而这些费用需要由你来负责清算。特别是软件盗版等，这是用户很难讲清的。国内外的资料表明，入侵者一般有这几种类型：寻欢作乐者、破坏者、间谍等。

为确保网络系统的安全性，人们研究并使用了多种解决方法，特别是近年来，由于对安全问题的广泛关注，网络技术的开发应用取得了长足的进步，但是它仍然制约着网络应用的进一步发展。相关报告显示，"黑客"事件的发生每年都在增加，仅在美国就造成了数百亿美元的损失，而且目前这种情况还在加剧。同类事件在我国也是逐年增多，这足以说明当今的网络安全问题，尤其是较大型的网络系统，有必要建立一个立体、完整的安全体系。从空间上（包括网络内安全、网关或网际以及外部安全的统一）、时序上（应当有事前防御、即时防御）、事后审查三者结合，从而保护网络的安全。

4.5.2 Internet 防火墙

防火墙原是在建筑物大厦中设计的用来防止火灾从大厦的一部分传播到另一部分的结构。从理论上讲 Internet 防火墙服务也属于类似目的。它可以防止 Internet 上的危险（病毒、资源盗用等）传播到网络内部。而事实上 Internet 防火墙不像一座现代化大厦中的防火墙，更像北京故宫的护城河，其功能可以体现在以下方面。

1）限制人们从一个特别的控制点进入。

2）防止侵入者接近用户的其他防御设施。

3）限定人们从一个特别的点离开。

4）有效阻止破坏者对用户的计算机系统进行破坏。

Internet 防火墙常常被安装在受保护的内部网络连接到因特网的点上，如图 4-2 所示。

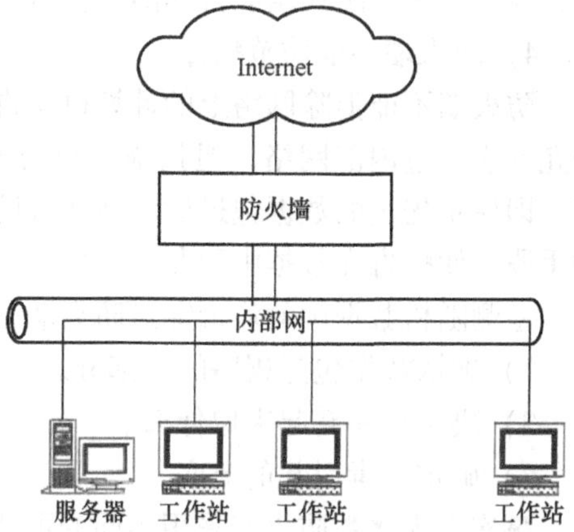

从图 4-2 可以看出，所有来自 Internet 的传输信息或从内部网发出的信息都必须穿过防火墙。因此，防火墙能够确保如电子信件、文件传输、远程登录或特定系统间的信息交换。

从逻辑上讲，防火墙是分离器、限制器、分析器。从物理角度看，各站点防火墙的物理实现的方式有所不同。通常防火墙是一组硬件设备——路由器、主计算机或者是路由器、计算机和配有适当软件的网络的多种组合，人们用各种有效的方法配置这些设备。

图 4-2 防火墙在 Internet 与内部网中的位置

防火墙能够做些什么呢？这是大家所关心的，下面来讨论这个问题。

（1）防火墙能强化安全策略

因为 Internet 上每天都有数亿用户在那里收集信息、交换信息，不可避免地会出现个别品德不良的人或违反规则的人，防火墙是为了防止不良现象发生的"交通警察"，它执行站点的安全策略，仅仅容许"认可的"和符合规则的请求通过。

（2）防火墙能有效地记录 Internet 上的活动

因为所有进出信息都必须通过防火墙，所以防火墙非常适用于收集关于系统和网络使用和误用的信息。作为访问的唯一点，防火墙能在被保护的网络和外部网络之间进行记录。

（3）防火墙限制暴露用户点

防火墙能够用来隔开网络中一个网段与另一个网段。这样，能够防止影响一个网段的问题通过整个网络传播。

（4）防火墙是一个安全策略的检查站

所有进出的信息都必须通过防火墙，防火墙便成为安全问题的检查点，使可疑的访问被拒之于门外。

上面叙述了防火墙的优点，但它还是有缺点的，主要表现在以下几方面：

1）不能防范恶意的知情者。

防火墙可以禁止系统用户经过网络连接发送专有的信息，但用户可以将数据复制到磁盘、磁带上，放在公文包中带出去。如果入侵者已经在防火墙内部，防火墙是无能为力的。内部用户可以偷窃数据，破坏硬件和软件，并且巧妙地修改程序而不接近防火墙。对于来自知情者的威胁只能要求加强内部管理，如主机安全和用户网络安全教育等。

2）防火墙不能防范不通过它的连接。

防火墙能够有效地防止通过它进行传输的不良信息，然而不能防止不通过它而传输的信息。例如，如果站点允许对防火墙后面的内部系统进行拨号访问，那么防火墙绝对没有办法阻止入侵者进行拨号入侵。

3）防火墙不能防备全部的威胁。

防火墙被用来防备已知的威胁，如果是一个很好的防火墙设计方案，可以防备新的威胁，但没有一个防火墙能自动防御所有的新的威胁。

4）防火墙不能防范病毒。

防火墙不能消除网络上的计算机病毒。虽然许多防火墙扫描所有通过的信息，并决定是否允许它通过内部网络。但扫描是针对源、目标地址和端口号的，而不扫描数据的确切内容。即使是先进的数据包过滤，在病毒防范上也是不实用的，因为病毒的种类太多，有许多种手段可使病毒在数据中隐藏。

检测随机数据中的病毒穿过防火墙是十分困难的，它要求：

1）确认数据包是程序的一部分。

2）决定程序看起来像什么。

3）确定病毒引起的改变。

事实上大多数防火墙采用不同的可执行格式保护不同类型的机器。程序可以是编译过的可执行程序或者是一个副本，数据在网上传输时要分包，并经常被压缩，这样便给病毒带来了可乘之机。无论防火墙多么安全，用户只能在防火墙后面清除病毒。

Internet 本身存在的缺陷容易被人利用，给网络安全带来很大的威胁，所以在网络安全中采用防火墙技术是非常有必要的，这是因为：

① Internet 是普遍依赖于 TCP/IP 的，这是一种在一种机型间的通信协议，尽管它本身就很安全，但是也会受到网络安全威胁。

② Internet 所提供的各种服务，如电子邮件、文件传输、远程登录等都存在着安全隐患。

③ Internet 上使用了薄弱的认证环节，如薄弱的、静态的口令；一些 TCP 或 UDP 服务只能对主机地址进行认证，而不能对指定的用户进行认证。

④ 在 Internet 上存在着 IP 地址欺骗（伪装）。

⑤ 有缺陷的局域网服务（NIS 和 NFS）和主机之间存在着有缺陷的相互信任关系。当前的电子商务、电子政务已经普及，防火墙的使用就显得相当重要。

4.5.3　防火墙的分类

目前，防火墙大致分为软件防火墙、硬件防火墙和工业标准服务器形式的防火墙三类。

1. 软件防火墙

软件防火墙单独使用软件系统来完成防火墙功能，将软件部署在系统主机上，其安全性较硬件防火墙差,同时占用系统资源,在一定程度上影响系统性能。其一般用于单机系统或是极少数的个人计算机,很少用于计算机网络中。

2. 硬件防火墙

把软件防火墙嵌入在硬件中,一般的软件安全厂商所提供的硬件防火墙便是在硬件服务器厂商那里定制硬件,然后再把 Linux 系统与自己的软件系统嵌入。好处是 Linux 相对 Windows 的 server 安全。这样做的理由是由于 ISA 必须装在 Windows 操作系统下,而在本身安全存在隐患的系统上部署安全策略相当于处在亚安全状态,是不可靠的。在兼容性方面也是硬件防火墙更胜一筹,其实软件防火墙与硬件防火墙的主要区别就在于硬件。

3. 工业标准服务器防火墙

所谓工业标准服务器防火墙,即凡是符合工业标准的、大批量生产的、机架式服务器,无论是 IA 架构的,还是像 IBM 的 ISA 架构那样的,只要符合上述标准都可以称为标准服务器。因此,在这种平台上安装、运行防火墙软件形成的防火墙系统,都可以称为工业标准服务器防火墙。

工业标准服务器防火墙由于性能价格比非常高,而受到用户的欢迎,主要原因有以下六点。

(1) 速度快、性能高

防火墙的性能取决于两个方面:软件和硬件。工业标准服务器由于生产的批量大,产品更新换代快,所以总能保证是最新的技术和硬件,如最快的 CPU、内存,更大容量的硬盘,最新的总线结构等,从而为防火墙的性能提高提供了较好的外部条件。

硬件并不是决定性能的唯一因素,防火墙软件的设计、体系结构的变革也同样重要,如计算机网络升级(从 10Mbit/s 到 100Mbit/s,从 100Mbit/s 到 1000Mbit/s、10000Mbit/s),即使硬件满足了需求,软件却处理不了如此大的数据量。

(2) 批量大、价格低

工业标准服务器的生产批量非常大,所以单位成本较低。因此,这种形式的防火墙可以为用户提供具有高性能价格比的网络安全解决方案。相对于硬件防火墙,无论在产品的安全性还是价格上,工业标准服务器形式的防火墙都具有很大的优势。

(3) 工业标准服务器的特点

防火墙必须保证不间断地运行,以保护网络资源,避免未经授权的访问。一方面,防火墙软件应提供热备份的功能,包括网关之间和管理服务器之间的高可用性,以避免单点故障的发生;另一方面,作为防火墙载体的硬件设备,也应提供可靠的性能保障,因为它是防火墙的基础。工业标准服务器具有下列特点:

1) 采用服务器主板和专业芯片组。

2) 采用具有纠错功能的 ECC 内存,而不是普通 SDRAM,可消除数据杂音带来的系统不稳定因素。

3) 采用 RAID 技术,提高了系统可靠性。

4) 采用通过认证的软硬件,能保证良好的系统兼容性,确保整个系统的稳定。

5) 对于易出现故障的部件采用冗余的热插拔,能显著减少因硬件导致的服务故障。

6) 管理芯片固化在主板上,集成了丰富的服务器管理功能;提供主动的监控、报警和远程管理功能。

（4）维护费用低、扩展性好

一些用户喜欢硬件防火墙，很大一部分原因是它节省空间，可以直接安装在机架上。工业标准服务器形式的防火墙同样可以提供 1U（1U = 44.45mm）、2U 等标准尺寸，可以使用户在有限的空间里放置最大数量的设备，易于管理和维护，同时它的配置更加灵活，应用范围也更宽广。

工业标准服务器厂商一般都提供集中化的管理工具，使管理员可以从一个控制台访问所有的服务器，维护服务器的正常运行；另外，用户可通过 LED 指示灯快速浏览服务器状态，迅速得知出故障的机器方位，从而实现快速预警。免工具机箱设计使管理人员不需要借助工具就可以打开机箱，拆卸任何可以拆卸的部件，从而实现了快速升级和部件更换；同时，由于所有部件均采用工业标准，所以价格低，数量足，更换起来方便快捷；由于基于工业标准服务器的防火墙系统扩充性能好，可以随时根据需求对硬件平台（CPU、内存、硬盘等）及操作系统和防火墙软件版本进行升级，从而保护了用户的前期投资。

（5）配置灵活，集成不同应用

用户是产品最终的使用者，他们的操作意愿和对系统的熟悉程度是厂商必须考虑的问题。所以一个好的防火墙不仅本身要有良好的执行效率，还应该提供多平台的执行方式供用户选择。如果用户不了解如何正确地管理一种系统，就不可能保护系统的安全。硬件防火墙采用专有操作系统，需要用户来适应产品。而采用工业标准服务器，用户则有更多的选择机会，可以选择自己熟悉、喜爱的操作系统。实践表明，用户对一种产品的熟悉程度可以提高服务器的安全性。并且硬件防火墙只能实现单一功能，而采用标准服务器的防火墙则可以在上面安装除防火墙之外的不同的应用，如 VPN、流量管理等，从而节省投资，提高效率。

（6）体现系统集成商的增值作用

其实，对用户来说，并不十分关心防火墙采用何种形式，他们只关心防火墙是否能满足自己的安全需求、运行是否稳定可靠、维护起来是否简单易行。对系统集成商来讲，单纯的销售硬件防火墙很难体现增值，所获得的利润较低，同时也体现不出自己的技术优势。而采用工业标准服务器，系统集成商可以在上边安装用户熟悉的操作系统，并对它进行加固和优化，同时可以在上面安装防火墙、VPN、流量管理等软件，提供给用户一个完整的网络安全解决方案。这样，一方面体现了系统集成商的技术实力和增值能力，使其得到了更高的利润；另一方面用户可以得到一站式服务，减少了负担。

综上所述，软件防火墙虽然安全性高、易管理、价格低、配置灵活，但在性能上对硬件依赖程度较高。硬件防火墙性能高，但从投资角度考虑，这种实现安全功能的单一方式限制了产品的灵活性以及升级底层硬件的能力，不利于保护用户的前期投资。而且硬件防火墙最大的缺陷在于把企业用户限制在一家厂商完成其整个安全系统的窄路上，这与使用模块化系统"选择所有最佳部件"的努力是相悖的，即很难把最好的操作系统与最好的防火墙结合起来，再接入最好的分析检测系统，并且将其部署在最可靠的平台上，因为同一家厂商不可能在这几个领域同时做到最好。

4.5.4　防火墙在 OSI/RM 中的位置

防火墙是设置在被保护的网络和外部网络之间的一道屏障，以防止发生不可预测的、潜在破坏性的侵入，它可以通过监测、限制、更改跨越防火墙的数据源，尽可能地对外部屏蔽网络内部信息、结构和运行状况，以此来保护内部网络的安全。

在 OSI/RM 参考模型中，数据包过滤方式如图 4-3 所示，代理服务方式如图 4-4 所示。

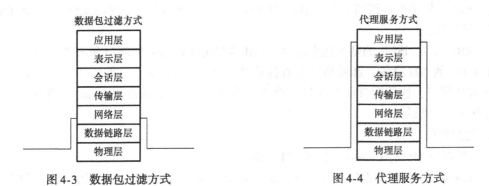

图 4-3　数据包过滤方式　　　　　　　图 4-4　代理服务方式

4.6　网络互联案例解析

4.6.1　常见网络设备端口

交换机、路由器和防火墙等网络设备可以与各种类型的物理网络进行连接，这就决定了这些网络设备的端口技术非常复杂。能连接的网络类型越多，其端口种类也就越多。网络设备的端口主要分为局域网端口、广域网端口和配置端口三类，下面对其进行简要介绍。

1. 局域网端口

常见的局域网端口有 RJ-45、AUI、SC、GBIC、LC、SFP 端口。

1）RJ-45 端口：这种端口通过双绞线连接以太网，用于连接主机、交换机或路由器。10Base-T 的 RJ-45 端口标识为"ETH"，而 100Base-TX 的 RJ-45 端口标识为"10/100bTX"。

2）AUI 端口：老式的以太网端口，用于与粗同轴电缆连接，可以通过转换器转换为 RJ-45 端口，目前已基本不用。

3）SC 端口：也就是常说的光口，用于与光纤的连接。光口通常连接到具有光口的交换机、路由器等网设备，也可以直接连接带有光口网卡的计算机。

4）GBIC 端口：GBIC（Giga Bitrate Interface Converter）是一种通常用在千兆以太网及光纤通道的信号转换器。透过此转换器的标准规范，千兆以太网设备的端口可以直接对应各种实体传输端口，包括铜线、多模光纤与单模光纤。GBIC 端口是一种模块化端口，支持热插拔。

5）LC 端口：是一种小型化 GBIC 端口，也是一种模块化端口，用于安装 SFP 模块。

6）SFP 端口：小型机架可插拔设备 SFP（Small Form-factor Pluggable）是 GBIC 的升级版本，其功能基本和 GBIC 一样，但体积减小了一半。

2. 广域网端口

常见的广域网端口有 Async、Serial 和 BRI 端口。

1）Async 端口：异步串行端口，主要应用于 Modem 或 Modem 池的连接，实现远程计算机通过公用电话拨入网络，数据速率不高，不要求通信设备之间保持同步。

2）Serial 端口：高速同步串行端口，主要用于连接 DDN、帧中继（Frame Relay）、X. 25、PSTN（模拟电话线路）等广域网和接入网。它的数据传输速率比较高，但要求通信设备之间保持同步。

3）BRI 端口：ISDN 的基本速率端口。BRI 端口分为两种：U 端口和 S/T 端口，U 端口内置了 ISDN 的 NT1 设备，这种端口可直接连接 ISDN 的电话线。目前中国使用的都是 S/T 端口的 BRI 端口，这种端口需要连接一个 NT1 设备（又称为 ISDN Modem），再通过此 NT1 设备连接 ISDN 电话线。

3. 配置端口

常见的配置端口有 Console 端口和 AUX 端口。

1）Console 端口：又称控制台端口，是一种 RJ‑45 形式的端口。要用反转线和相应的转接头将其与 PC 的 COM 口连接，从而对路由器或交换机等网络设备进行本地配置。

2）AUX 端口：又称辅助口，是一种异步串行端口，与 Async 端口具有相同的功能，可以通过电话拨号进行远程调试。

4.6.2　网络设备在常规三层设计模型网中的应用

一个好的园区网设计应该是一个分层的设计，一般为接入层、汇聚层、核心层三层设计模型。

三层设计模型的主要功能如下：

1）接入层：解决终端用户接入网络的问题，为它所覆盖范围内的用户提供访问 Internet 以及其他信息的服务，如常在这一层进行用户访问控制等。

2）汇聚层：汇聚接入层的用户流量，进行数据分组传输的汇聚、转发与交换。

根据接入层的用户流量，进行本地路由、过滤、流量均衡、QoS 优先级管理以及安全控制、IP 地址转换、流量整形等处理。该层根据处理结果把用户流量转发到核心交换层或在本地进行路由处理。

3）核心层：将多个汇聚层连接起来，为汇聚层的网络提供高速分组转发，为整个局域网提供一个高速、安全与具有 QoS 保证能力的数据传输环境。该层提供宽带城域网的用户访问 Internet 所需的路由服务。

注意：

① QoS（Quality of Service）：服务质量，是网络的一种安全机制，是用来解决网络延迟和阻塞等问题的一种技术。

② 为了实现网络设备的统一，在网络的设计及构建中建议采用同一厂商的网络产品，这样做的好处在于可以实现各种不同网络设备的互相配合和补充。

③ 接入层每个交换机都有两个端口连接到汇聚层的每个交换机，而汇聚层的每个交换机也同样可连接到核心层的每个交换机上，并使用链路冗余技术。

4.6.3　常见连接方式

网络设备常见的连接方式有以下四种，如图 4-5 所示。

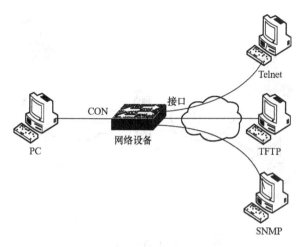

图 4-5　网络设备的常见连接方式

1）CON：Console 口连接终端或运行终端仿真软件（如 Windows 的超级终端）的 PC。

2）Telnet：通过 Telnet 远程登录配置交换机。

3）TFTP：可以通过 TFTP 服务器下载配置信息，TFTP 服务器可以运行在 UNIX 工作站或者 PC 工作站。

4）SNMP：通过运行网管软件（如 CiscoWorks）的工作站来管理交换机的配置。

一些网络设备（如路由器），还可通过 AUX（Auxiliary，辅助）端口连接 Modem，让管理员通过电话网与网络设备通信，进行远程配置，如图 4-6 所示。

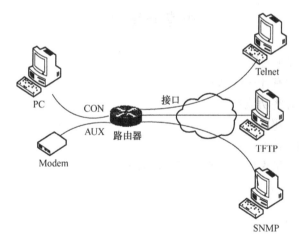

图 4-6　路由器的常见连接方式

除此之外，现在越来越多的网络设备支持通过 Web 方式连接，管理员可以通过浏览器直观地对网络设备进行配置。在网络设备中，防火墙的连接配置对安全性有特别要求。防火墙除了可以使用 CON、Telnet 和 TFTP 方式连接外，还可以通过 VPN 和 SSH 方式连接，如图 4-7 所示。

1）VPN：可以通过一个运行 VPN 客户端软件的 PC 和配置了 VPN 的防火墙之间建立虚拟通道来实现对防火墙的配置。

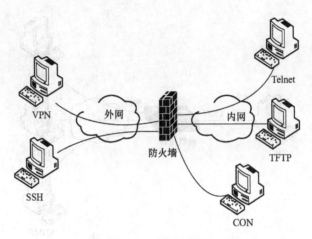

图 4-7　防火墙的连接方式

2）SSH：SSH 是和 Telnet 类似的一种应用程序，Telnet 以明文方式发送数据，而 SSH 采用密文的方式传输数据，因此具有更高的安全性。

出于安全因素的考虑，外网的用户只能以 VPN 或 SSH 的方式连接和配置防火墙。另外，虽然防火墙支持 SNMP，但通常只允许通过 SNMP 监视防火墙的状态，而不能通过 SNMP 配置防火墙。

网络设备在第一次配置时，通常需要通过 Console 口进行。在通过 Console 口进行了相应的配置后，才可以通过其他几种方式进行远程配置和管理。

思考与练习

1. OSI 参考模型有哪七层？
2. 集线器与中继器有什么区别？
3. 网卡主要完成哪些功能？
4. 路由器的功能有哪些？
5. 防火墙的作用是什么？
6. 试设计接入层、汇聚层、核心层三层接入模型。

第5章 基于高校无线局域网 (WLAN) 的建设方案

无线局域网是一种相当便利的数据传输系统，利用电波实现局域网的构建，通过电波实现传输媒介与通信设备间的互联互通。目前无线局域网最有代表性的是 WiFi，城镇街道和建筑物内很多地方都布局有无线路由器，为广大用户提供良好的无线通信。在商场、超市、酒店、学校和办公区等地方，手机或笔记本式计算机等便携式通信终端随时可以发现很多 WiFi 信号，有的便携式通信终端还装有 WiFi 万能钥匙软件，可以免费用其他未授权的无线网络。无线网络除了能够提供通信网络服务外，还可以提供定位、导航等服务。

5.1 WLAN 主要设计指标建议

在 WLAN 规划和设计中，各主要设计指标建议见表5-1。

表5-1 WLAN 主要设计指标建议

项　目	建 议 指 标
AP 容量	802.11g 标准 AP，在接入用户带宽为512kbit/s 的情况下，单 AP 并发支持用户按照 10~20 用户考虑 802.11n 标准 AP，在接入用户带宽为512kbit/s 的情况下，单 AP 并发支持用户按照 20~30 用户考虑[1]
无线信号场强	≥ −75dBm；新建系统建议不低于 −70dBm
信噪比	≥20dB
网络时延	Ping AC 时延不高于50ms
丢包率	Ping AC 丢包率不高于1%
单用户接入速率	在不对用户带宽进行限制的情况下，要求单用户接入时，覆盖区域内，终端应用层速率不低于8Mbit/s[2]
多用户平均 FTP 下载速率	≥512kbit/s
同频干扰	建议任意同频 AP 信号 < −80dBm

[1] 该用户数是在所有用户均为 802.11n 制式前提下的结论，在 802.11g、802.11n 终端混合接入时，网络容量相应下降。

[2] 对于受传输带宽等条件限制的热点，可根据传输带宽等确定下载速率要求；对于限速的热点，可根据限速具体要求确定下载速率要求。

5.2 WLAN 覆盖主要建设方案

WLAN 热点覆盖的建设方式主要有室内建设、室外建设等，具体分类如图5-1所示。针对具体的场景，可采用一种或多种建设方式，满足覆盖和容量的需求。

图 5-1　WLAN 主要建设方案分类

5.2.1　室内建设方式

室内建设方式分为室内独立放装方式和室内分布系统合路方式。

1. 室内独立放装

室内独立放装建设方式是在目标覆盖区域或目标覆盖区域附近直接部署 AP，AP 通过其自带天线或简单天馈系统（包括功分器或耦合器、短距离馈线、天线等）实现 WLAN 覆盖。

（1）方案描述

室内放装 AP 采用自带天线时一般使用 2.4GHz、5.8GHz 或 2.4GHz + 5.8GHz 双频室内型 100mW AP；采用简单天馈系统方式时一般使用 2.4GHz 室内型 100mW AP。

容量需求较高的区域推荐使用 802.11n 标准的 AP，以提高网络容量。此外，可通过开启 5.8GHz 频段对流量进行分流。

由于 AP 功率较小，WLAN 覆盖范围也较小，覆盖范围受到建筑物内部设施、房间分隔的影响，实际应用中一般以不穿透墙或只穿透一堵墙为宜，在不同楼层一般需要使用不同的 AP 进行覆盖。该方案示意图如图 5-2 所示。

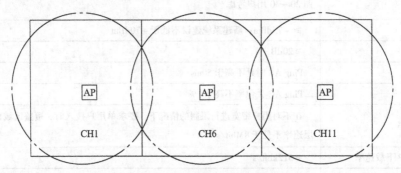

图 5-2　AP 独立放装方案示意图

当采用简单天馈系统时，可根据覆盖区域的具体情况，选用全向吸顶天线或者定向板状天线。该方案（以学校宿舍安装为例）示意图如图 5-3 所示。

此外，在使用 802.11n 设备时，11n 天线应支持双路信号输入、互不相关双路信号输出。需要考虑天线的极化隔离或空间隔离来支持双路输入和输出，如可采用 MIMO 天线，也可采用单通道天线组阵来支持 MIMO。

（2）方案特点

该方案的特点是 AP 的部署位置较灵活，网络容量较高。但该方案工程量较大，后期维护相对复杂。

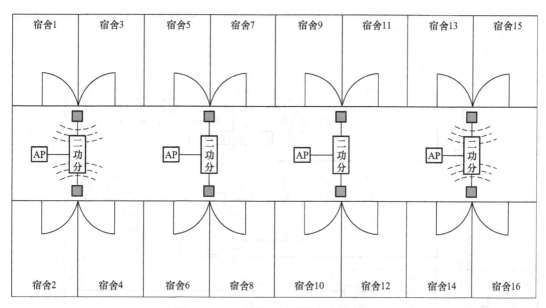

图 5-3　AP + 简单天馈系统方案示意图

（3）适用场景

该方案适用于覆盖区域比较小的场合，室内放装 AP 即可覆盖整个区域，如酒店中的会议室、商场里的咖啡馆等；或区域内 WLAN 容量需求比较高的场合，如学校和工厂的宿舍楼等。

（4）扩容方法

可考虑通过以下几种方式扩容。

方式一：可将 802.11g 标准的 AP 替换为 802.11n 标准的 AP。

方式二：可通过增加 AP 布放密度提高网络容量。

（5）注意事项

可以利用房间墙壁等的隔离效果，降低单 AP 发射功率等方式，增加 AP 数量，缩小单 AP 覆盖范围，提高网络容量。同时应做好频率规划与网络优化，降低干扰。

2. 室内分布系统合路

室内分布系统合路是将 WLAN 信号通过合路器与 2G/3G/4G 网络共用室内分布系统，各系统信号共用天馈系统进行覆盖。

（1）方案描述

室内分布系统合路主要采用 2.4GHz 室内合路型大功率 AP，包括 802.11g 设备和 802.11n 大功率设备；在容量需求高的场景，建议使用 802.11n 标准的大功率 AP。一般 2G/3G/4G 信号是在天馈系统主干进行馈入，AP 通过合路器将 WLAN 信号馈入天馈系统的支路末端。根据实际的覆盖区域情况，天线可选择室内全向吸顶天线或定向天线。该方案示意图如图 5-4 所示。

（2）方案特点

该建设方式下 2G/3G/4G /WLAN 网络共用分布系统基础设施，综合建设投资较小，建设周期短，无线信号覆盖面积较大，信号分布均匀；需要按 2G/3G/4G/WLAN 网络联合覆

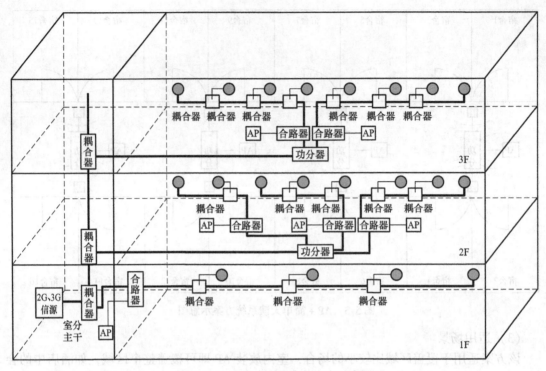

图 5-4 室内分布系统合路方案示意图

盖需求统一规划、设计、优化分布系统，满足各系统的无线覆盖要求；实现大容量覆盖难度较大。

（3）适用场景

该方案适用于室内覆盖面积较大，已有或未来需建设分布系统的场景，如教学楼、宿舍楼、机场和写字楼等。

（4）扩容方法

可考虑通过以下几种方式扩容。

方式一：可将 802.11g 标准的 AP 替换为 802.11n 标准的 AP。

方式二：可以考虑对分布系统进行多支路改造，将分布系统主干向前端延伸，增加目标覆盖区域的分布系统支路数量，降低每个支路的覆盖面积，将 AP 合路到各支路末端，提高目标覆盖区域的 AP 数量，提升网络容量。

方式三：局部扩容可以考虑采用与室内独立放装方式相结合，在个别区域增加独立放装的 AP。

（5）注意事项

该方案一般不在 AP 和分布系统之间增加其他设备。为避免不同频点 AP 之间的干扰，不建议将多个 AP 合路到一个支路中。在 WLAN 信号覆盖的重叠或邻接区域，可以考虑采用定向天线来降低干扰。

使用 802.11n 设备时，若条件允许，建议配合双路天馈的室内系统使用，以提高网络容量。

分布系统的设计应同时满足 2G/3G/4G /WLAN 各系统的覆盖要求，特别是将 WLAN 馈入已有分布系统时，应考虑原有分布系统能否满足 WLAN 覆盖的要求，是否需要进行改造，同时应注意对 2G/3G/4G 无线覆盖的影响。

应该尽量使天线与目标覆盖区域之间无墙体等阻挡。若需穿透墙体实现覆盖，原则上只考虑穿透一堵墙体，天线入口功率一般不低于 10dBm。

分布系统合路建设中，所有无源器件（包括合路器、功分器、耦合器、天线、馈线等）应满足 2G/3G/4G /WLAN 网络的合路要求，满足 800～960MHz、1710～2500MHz 的频率要求。

5.2.2　室外建设方式

室外建设方式包括：室外独立放装、室外分布系统合路和 Mesh 组网三种方式。

1. 室外独立放装

室外独立放装建设方式是在目标覆盖区域或目标覆盖区域附近直接部署 AP，AP 通过其自带天线或外部天馈实现 WLAN 覆盖。

室外独立放装包括 AP + 增益天线、智能天线 AP 两种类型，目前业界尚无对这两种 AP 的明确定义和区分。通常 AP + 增益天线是指：AP 与天线采用松耦合设计，一般包括 AP 和增益天线两个部分，天线为 1×1 的单通道天线或 $n×n$ 的 MIMO 天线；智能天线 AP 是指：AP 与天线采用紧耦合设计，采用多套智能天线阵列射频发射装置的 AP，天线数量一般大于 4，并能够实现波束赋形。

对这两种解决方案进行选择时需考虑以下因素：

1）覆盖效果和容量。整体上 AP + 增益天线与智能天线 AP 覆盖效果接近。在某些场景下智能天线 AP 性能略优于 AP + 增益天线（如增益天线可能产生"塔下黑"现象，智能天线 AP 相对较好）。

2）产品成熟度。AP + 增益天线产品支持 802.11a/g/n 标准，支持胖瘦两种模式，较容易升级实现与移动公司网管的对接。目前大部分智能天线 AP 产品仅支持 802.11g，工作模式以胖 AP 为主。

3）价格。AP + 增益天线价格相对较低，智能天线 AP 价格较高。

4）工程要求。AP + 增益天线功耗小于 25W，支持 POE + 供电；智能天线 AP 功耗相对较高，一般不能够使用标准 POE 供电，需要采用电源直接供电或非标准 POE 供电模块供电。

AP + 增益天线多数为松耦合设计，即 AP 与天线独立设计，需考虑两部分设备的安装，其中 AP 的尺寸、体积，各厂家差异不大。智能天线 AP 的部分产品采用 AP 与天线的一体化设计，部分采用分体设计；智能天线 AP 的尺寸、体积，各厂家差异较大。在实际工程建设中可根据需求选择。

AP 或天线可安装在目标覆盖区域附近的较高位置，如灯杆、建筑物上端等，向下覆盖目标区域或室内。该方案示意图如图 5-5 所示，也可与现有 2G/3G/4G 基站共站址，如图 5-6 所示。

容量需求较高区域可采用 802.11n 设备组网，采用 802.11n 制式的 AP + 增益天线时建议选用 MIMO 天线进行覆盖。安装时，注意 AP 输出口与天线输入口的极化方向要保持一致。

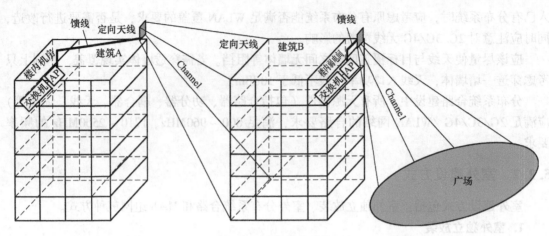

图 5-5　室外独立放装

通过使用干扰较少的 5.8GHz 频段可提高网络容量，使用 5.8GHz 频段时，建议 AP 与天线距离较近些，以减少馈线损耗。

（1）方案特点

该方案的特点是 AP 部署较为灵活，覆盖范围较大；但系统容量较小，通过室外覆盖室内时，室内深度覆盖难度大。

采用与现有基站共站址的方式时，充分利用了已有基站设施，施工简单，投资成本相对较低，建设周期较短；在建筑物、灯杆等非共址位置建设时，业主协调工作量较大。

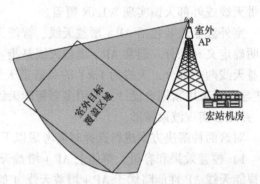

图 5-6　共站址（AP 与基站）室外独立放装

（2）适用场景

该方案适用于用户较为分散的室外区域，如公园、商业街区等；对单体较小、排列比较整齐的建筑也可采用该方式，如居民区、农村等。

（3）扩容方法

可考虑通过以下几种方式扩容。

方式一：可将 802.11g 标准的 AP 替换为 802.11n 标准的 AP。

方式二：可通过增加 AP 布放密度提高网络容量。

方式三：可通过增加 5.8GHz 天线提升网络容量。

（4）注意事项

AP 安装位置应该选择视野开阔的区域，目标覆盖区域与天线之间最好为视距环境。通过室外覆盖室内时，一般考虑至多只穿透一堵墙体为宜，在设计过程中要注重严格的模测。另外，可以通过使用 CPE 设备来加强室内覆盖。

采用与基站共站址建设时，应注意 WLAN 与其他系统之间的隔离度，做好天线的空间隔离。

AP 安装在室外时，需要做好相关设备、线缆等室外设施的防护措施，包括防水、防雷、防尘、防盗等。

在一定场景下，增益天线可能会产生"塔下黑"，需在建设和优化时引起注意。

可以根据建筑物的结构，考虑采用楼房两侧分别覆盖等方式，提升覆盖效果。

2. 室外分布系统合路

室外分布系统合路是将 WLAN 信号通过合路器与 2G/3G/4G 网络共用室外分布系统，各系统信号共用天馈系统进行覆盖。

（1）方案描述

室外分布系统合路主要采用 2.4GHz 室外合路型大功率 AP，若 AP 安装在室内也可采用室内型 AP。在容量需求高的场景，建议使用 802.11n 标准的大功率 AP。

一般 2G/3G/4G 信号是在天馈系统主干进行馈入，AP 通过合路器将 WLAN 信号馈入天馈系统的支路末端。该方式一般选择室外定向天线。

室外分布系统可用于覆盖室外和室内。当该系统用于覆盖室内时，可以考虑在用户侧采用 CPE，以提高覆盖能力。该方案示意图如图 5-7 所示。

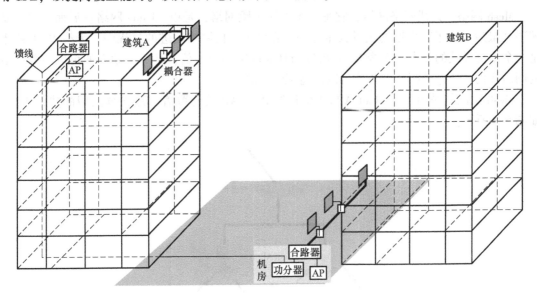

图 5-7　室外分布系统合路方案示意图

（2）方案特点

该方案与室内分布系统合路方案特点基本相同。另外，由于 2.4GHz 频段信号衰减和穿透损耗都较大，实现室内深度覆盖难度较大。

（3）适用场景

该方案适用于室外已有或未来需建设室外分布系统的场景。覆盖室内时，一般适合目标覆盖区域的建筑结构简单、穿透损耗较小的建筑物，如建筑结构简单的居民区；覆盖室外时，一般适合目标覆盖区域为较为空旷的区域，如工业、科技园区等。

（4）扩容方法

可考虑通过以下几种方式扩容。

方式一：可将 802.11g 标准的 AP 替换为 802.11n 标准的 AP。

方式二：可以考虑对分布系统进行多支路改造，将分布系统主干向前端延伸，增加目标覆盖区域的分布系统支路数量，降低每个支路的覆盖面积，将 AP 合路到各支路末端，提高目标覆盖区域的 AP 数量，提升网络容量。

方式三：局部扩容可以考虑采用与室外独立放装方式相结合，在个别区域增加独立放装的 AP。

（5）注意事项

室内分布系统合路方式的注意事项也基本适用室外分布系统合路方式，此外，还需要注意以下几点。

① AP 安装在室外时，需要做好相关设备、线缆等室外设施的防护措施，包括防水、防雷、防尘、防盗等。

② 通过室外分布系统覆盖室内时，一般考虑只穿透一堵墙体为宜，在设计过程中要注重严格的模测。

3. Mesh 组网

Mesh 网络即无线网格网络，它是一个无线多跳网络，是由 ad hoc 网络发展而来的，是解决"最后一公里"问题的关键技术之一。在向下一代网络演进的过程中，无线 Mesh 技术是一个不可或缺的技术。无线 Mesh 可以与其他网络协同通信，是一个动态的可以不断扩展的网络架构，任意的两个设备均可以保持无线互联。

Mesh 组网是采用 1 个 Root AP 和若干个 Mesh AP 共同覆盖一片连续区域的建设方式，如图 5-8 所示。

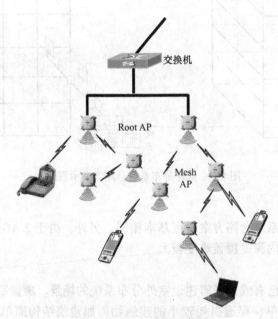

图 5-8　Mesh 组网示意图

（1）方案描述

Mesh 网络中有以下两种类型的 AP。

① Root AP：通过有线方式连接至上层网络的 AP。Root AP 能够实现用户接入和 AP 汇聚。Root AP 处需提供传输和电力，可以与宏站共站址或安装在其他传输信号能够到达的位置。

② Mesh AP：是通过无线方式回传至 Root AP 的 AP，实现本地的用户接入。Mesh AP 处仅需电力资源，可以安装在灯杆、电话亭等位置。

Mesh 网络有星形和树形等结构，多个 AP 组合实现对目标区域的覆盖。

对于 Mesh 组网设备，可以考虑以下几点建议。

① 采用双频设备组网，减少系统干扰，提升网络容量。

② 采用 802.11n 设备，提升网络容量。

（2）方案特点

此种建设方式部署灵活，建设快捷，对传输等资源需求较少，能够实现快速布网；天线数量相对较多，对天线外观要求较高。

（3）适用场景

Mesh 网络适用场景如下。

① 应用场景一：封闭园区，如校园、大型工业园区等。

业务模式：以行业应用为主，提供宽带上网、话音增值及视频业务，用于公共安全视频监控、行业应用数据采集、环境监测等。

② 应用场景二：如大型会展中心、地震灾区，提供快速解决方案。

业务模式：应用于应急通信，提供宽带接入解决方案。

Mesh 网络不宜在开放环境中独立建设，因为各种干扰因素比较难以控制。

（4）注意事项

Mesh 组网应遵循以下原则。

① 严格控制每支路跳数，避免因跳数过多引起用户接入速率过低。

② 合理部署 AP，注意每对回传 AP 之间是否会有阻挡，避免因无线环境变化导致网络连接中断。

③ 安装在室外的设备应注意防水、防雷、防尘、防盗等。

5.2.3　WLAN 主要建设方案使用场景及特点

综合以上主要建设方案，现将方案使用场景及特点列举在表 5-2 中，以供参考比较。

表 5-2　WLAN 主要建设方案使用场景及特点

建设方式		适用场景	优点	缺点
室内建设	室内独立放装	适用于覆盖区域比较小的场合，室内放装 AP 即可覆盖整个区域，如酒店中的会议室、商场里的咖啡馆等；或区域内 WLAN 容量需求比较高的场合，如宿舍楼等	AP 的部署位置比较灵活，网络容量较高	工程量较大，后期维护相对复杂
	室内分布系统合路	适用于室内覆盖面积较大，已有或未来需建分布系统的场景，如教学楼、宿舍楼、机场和写字楼等	2G/3G/4G/WLAN 网络共用分布系统基础设施，综合建设投资较小，建设周期短，无线信号覆盖面积较大，信号分布均匀	需要按 2G/3G/4G/WLAN 网络联合覆盖需求统一规划、设计、优化分布系统，满足各系统的无线覆盖要求；实现大容量覆盖难度较大

（续）

建设方式		适用场景	优　点	缺　点
室外建设	室外独立放装	适用于用户较为分散的室外区域，如公园、商业街区等；对单体较小、排列比较整齐的建筑也可采用该方式，如居民区、农村等	部署灵活，覆盖范围较大	容量较小，一般以信号覆盖为主；通过室外覆盖室内时，实现室内深度覆盖难度大；采用非共址建设方式时，业主协调工作量较大
	室外分布系统合路	适用于室外已有或未来需建设室外分布系统的场景，覆盖室内时，一般适合目标覆盖区域的建筑结构简单、穿透损耗较小的建筑物，如建筑结构简单的居民区等；覆盖室外时，一般适合目标覆盖区域较为空旷的区域，如工业、科技园区等	与室内分布系统合路方式相同	与室内分布系统合路方式相同，另外，实现室内深度覆盖难度大
	Mesh 组网	适用于封闭园区，如校园、大型工业园区等；或在大型会展中心、地震灾区，提供快速解决方案	此种建设方式部署灵活、建设快捷，对传输等资源需求较少，能够实现快速布网	Mesh 标准不统一；多跳后网络容量降低快；天线数量相对较多，对天线外观要求较高

5.3　WLAN 频率规划

5.3.1　WLAN 工作频段

（1）802.11b/g

WLAN 802.11b/g 工作在 2.4GHz 频段，频率范围为 2.4000～2.4835GHz，共 83.5MHz 带宽，划分为 13 个子信道，每个子信道带宽为 22MHz；其中互不干扰的信道有 3 个，常用的是 1、6、11 这组。WLAN 802.11b/g 工作频段子信道分配如图 5-9 所示。

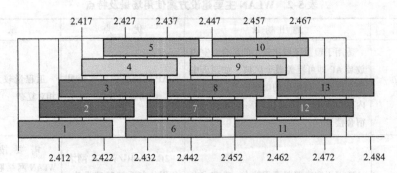

图 5-9　WLAN 802.11b/g 工作频段子信道分配（单位：GHz）

（2）802.11a

WLAN 802.11a 工作在 5.8GHz 频段，频率范围为 5.725～5.850GHz，共 125MHz 带宽，划分为 5 个信道，每个信道带宽为 20MHz。WLAN 802.11a 工作频段子信道分配如图 5-10 所示。

图 5-10　WLAN 802.11a 工作频段子信道分配（单位：MHz）

（3）802.11n

WLAN 802.11n 向下兼容 802.11g 和 802.11a，同时支持 2.4GHz 和 5.8GHz 频段，两频段的信道数量分别与 802.11g 和 802.11a 一致。

802.11n 技术可以将相邻的两个 20MHz 信道绑定成 40MHz 使用。将两个相邻的 20MHz 信道绑定使用时，一个为主带宽，一个为次带宽，收发数据时既可以 40MHz 的带宽工作，也可以单个 20MHz 带宽工作。

5.3.2　频率规划原则

在使用 2.4GHz 频点时，为保证信道之间不相互干扰，要求两个信道之间间隔不低于 25MHz。在一个覆盖区域内，最多可以提供 3 个不重叠的频点同时工作，通常采用 1、6、11 三个频点。5.8GHz 的 5 个频点互不重叠，可在同一覆盖区域内使用，同一楼层覆盖区域内使用 AP 示意图如图 5-11 和图 5-12 所示，三个楼层 AP 频率规划示意图如图 5-13 所示。

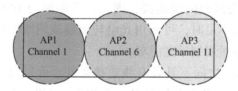

图 5-11　同一楼层覆盖区域内使用 3 个 AP 示意图

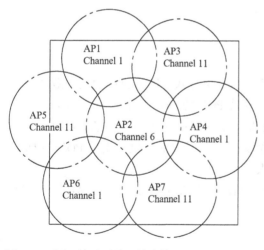

图 5-12　同一楼层覆盖区域内使用 7 个 AP 示意图

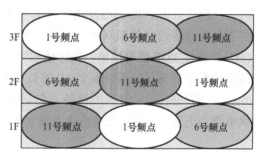

图 5-13　三个楼层 AP 频率规划示意图

WLAN 频率规划需综合考虑建筑结构、穿透损耗以及布线系统等具体情况。室分合路方式原则上只能采用 2.4GHz 频段。室内放装和室外放装方式优先采用 2.4GHz 频段，若无法避免 2.4GHz 频段同频干扰，或为增加系统容量，可引入 5.8GHz 频段。

对于 802.11n 频率使用，应遵循以下原则。

（1）2.4GHz 频段选择

2.4GHz 频段存在较多干扰，如有其他运营商的网络、业主自建网络等，建议采用 20MHz 带宽进行组网和规划，选择 1、6、11 三个互不重叠的信道。

在允许独立运营商布网、干扰较少，且 AP 数量较少的场合，只需要使用 1~2 个频点规划组网，可以采用 40MHz 或一个 20MHz、一个 40MHz 频段组网。

（2）5.8GHz 频段选择

5.8GHz 频段相对干扰较少，建议采用两个 40MHz、一个 20MHz 组网方案（与 2.4GHz 三个频点对应）及五个 20MHz 频段组网（AP 部署密集情况）。

建议在干扰 AP 较少或仅允许独立运营商布网时，采用一个或两个 40MHz 组网方案。

5.4　AP 上联方案和供电方式

5.4.1　AP 上联方案

AP 与交换机/ONU 一般采用网线连接，理论传送距离为 100m，通常建议网线不超过 80m 为宜。在网线传送距离不足时，可采用光电转换器或网线中继器等方式进行连接。AP 及交换机上联时应根据业务量规划带宽需求。

如果 AP 与交换机/ONU 之间不具备有线连接条件，可采用无线 5.8GHz 桥接等方式。采用 5.8GHz 桥接方式时，AP 可选用 2.4GHz + 5.8GHz 双频 AP，其中 2.4GHz 频点作为用户覆盖，5.8GHz 频点作为无线回传。网桥回传对无线环境要求较高，应保证网桥之间的视距。此外干扰、雨衰均会对其性能产生较大影响。

5.4.2　AP 供电方式

AP 通常采用 POE 供电方式，也可采用交流直接供电方式。POE 供电距离一般在 80m 以内，一般可分为 POE 供电模块和 POE 交换机、支持 POE 的 ONU 三种方式。POE 供电模块主要是配合普通交换机/ONU 使用。POE 交换机、支持 POE 的 ONU 是指以太网交换机或 ONU 中内置 POE 供电模块，实际使用时应注意核算 POE 供电交换机、支持 POE 的 ONU 总输出功率是否满足所连接多个 AP 的总功率要求。

对于部分耗电量较高的设备（包括部分 802.11n 制式的 AP、智能天线 AP 等）需采用供电能力更强的 PoE + 交换机或者独立供电模块。

5.5　WLAN 典型覆盖场景案例

根据 WLAN 用户数量与特征、覆盖范围、容量需求，以及目标区域的无线传播环境与建筑特征等，归纳总结了以下 WLAN 典型场景覆盖案例，如表 5-3 所示，以供参考。

表 5-3 WLAN 典型覆盖案例场景

典型场景	子 场 景	类 似 场 景	案 例
高校	高校宿舍楼	宿舍楼、产业园区宿舍楼	高校宿舍楼室内独立放装高校宿舍楼室内分布系统合路
	高校教学楼	教学楼、实验楼、办公室	教学楼室内独立放装高校教学楼室内分布系统合路
	高校图书馆	图书馆、展厅、报告厅	高校图书馆室内分布系统合路

以下案例仅供参考，建设时应根据实际的条件确定具体方案。

5.5.1 高校宿舍楼方案

1. 高校宿舍楼新建方案

高校宿舍楼是高校人群密集区域，用户数较多，数据流量较大，对 WLAN 业务需求量较大，WLAN 建设应同时兼顾覆盖和容量，对 2G/3G/4G 业务也有较大业务需求。

宿舍楼的建筑结构一般有走廊单边宿舍、走廊双边宿舍以及小区套间结构。外墙建筑材质一般以钢筋混凝土为主，内部隔断以砖混结构为主，屏蔽效应较强，无线信号从走廊穿透宿舍难度较大。

高校宿舍楼覆盖重点是各个宿舍房间。在新建 WLAN 宿舍楼场景中可采用 11b/g 或 11n AP，一般采用室内独立放装和室内分布系统合路这两种建设方式，建议在用户容量高的区域优先考虑室内独立放装方式。

采用室内独立放装方式时应对建设方案和实施要点进行充分考虑。

（1）建设方案

在高校高容量需求的情况下，应根据并发用户数需求，确定每台 AP 的安装位置和覆盖区域。设备一般安装在宿舍走廊；天线一般安装在走廊的顶部，如果条件允许，可将 AP 或天线延伸至房间中，天线可采用体积小的薄板全向或定向天线，建议信号至多只穿透一堵墙为宜。

对于房间信号穿透损耗较小（如采用木质门、有窗户等）的宿舍，可采用 AP + 自带鞭状天线方式；对于房间信号穿透损耗较大（如铁质门、无窗户、实心水泥墙体等）的宿舍，可采用 AP + 定向板状天线方式。如果天线延伸至房间中，可采用全向或者定向薄板小天线，充分考虑上下行信号接收不对等因素。建议信号只穿透一堵墙为宜。

以某高校宿舍为例，房间为钢筋混凝土结构的走廊双边宿舍，铁质门，无窗户，洗手间在门口。每层有 32 间宿舍，共 192 人，并发用户需求 40 人，可采用 11b/g AP 进行覆盖。

综合考虑容量和覆盖需求，共需 8 个 AP；采用室内型 100mW 11b/g AP，每台 AP 采用二功分加馈线接 2 个定向板状天线，天线安装在所覆盖宿舍门对面的墙壁。每个天线覆盖 2 个房间，如图 5-14 所示。

各层 AP 安装在楼层中的多媒体壁挂箱内，整栋楼由 POE 交换机集中供电。

按照每并发用户 512kbit/s 的需求计算，传输带宽需求为 20Mbit/s，该热点总传输带宽需求应结合各层、各楼宇需求，并考虑一定余量进行估算。

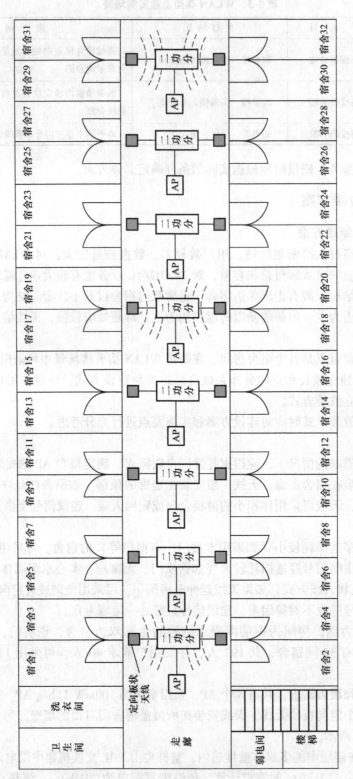

图5-14　高校宿舍楼室内独立放装方案示意图

（2）实施要点

由于宿舍用户容量较大，在建设时要充分考虑容量需求，新建点可采用 11n AP，合理选取 AP 的安装位置。一般天线安装位置可选择走廊或宿舍内。

在宿舍区域采用室内独立放装方式时，需注意宿舍楼建筑材质和结构，合理选用天线类型，特别是 11n AP 的多极化空间复用天线。AP 及天线组合形式较多，可根据实际情况灵活选择。

室内独立放装 AP 较多，需要做好频点规划和同频、邻频干扰的优化。有条件的情况下，可使用 5.8GHz 频段提升网络容量。

采用室内分布系统合路方式时也要对建设方案和实施要点进行充分考虑。

（1）建设方案

高校宿舍楼覆盖一般需要考虑网络容量，应根据并发用户数的需求，确定每台 AP 的安装位置和覆盖区域，合理设计分布系统的主干和分支。设备一般安装在宿舍楼每层机房、弱电井或走廊；天线一般安装在走廊的顶部。对于房间信号穿透损耗较小（如采用木质门、有窗户等）的宿舍，可采用全向吸顶天线；对于房间信号穿透损耗较大（如铁质门、无窗户、实心水泥墙体等）的宿舍，可采用定向板状天线，充分考虑上下行信号接收不对等因素。建议信号只穿透一堵墙为宜。如果条件允许，可将天线延伸至房间内。入房间内天线可采用体积较小的薄板天线。

以某高校宿舍楼为例，房间为钢筋混凝土结构的走廊双边宿舍，木门，有窗户。每层有 24 间宿舍，共 96 人，并发用户需求 24 人。

平层有 2 个支路，每个支路合路 1 台 500mW 的 11n AP，共采用 6 个全向吸顶天线，每个天线覆盖 4 个房间，如图 5-15 所示。

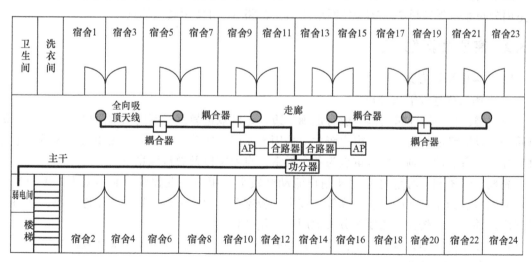

图 5-15　高校宿舍楼室内分布系统合路方案示意图

整栋楼由 POE 交换机集中供电，AP 安装在楼层中的多媒体壁挂箱内。AP 选择 2.4GHz 频点，20MHz 带宽模式，采用 1、6、11 三个频点间隔布放。按每并发用户 512kbit/s 带宽计算，本层传输带宽需 12Mbit/s，该热点总传输带宽应结合各层、各楼宇需求，并考虑一定余量进行估算。

（2）实施要点

由于宿舍楼用户容量较大，在建设时要充分考虑容量需求，合理选取合路点，避免2个AP合路到1个支路中。新建点在条件允许的情况下，可全部采用11n AP覆盖，一次性解决容量需求。

在宿舍区域采用室内分布系统合路方式时，需注意宿舍楼的建筑材质和结构，合理采用全向和定向天线。AP与天线组合形式较多，可根据实际情况灵活选择。需要做好频点规划和同频、邻频干扰的优化。

2. 高校宿舍楼扩容方案

（1）扩容描述及需求分析

高校宿舍楼是高校人群密集区域。用户数较多、数据流量较大，当用户投诉比较集中，接入用户数与流量频繁超过流量阈值时，需对原有覆盖进行扩容。

以某高校宿舍为例，扩容前采用室内分布系统合路方式覆盖所有宿舍，每台AP覆盖双边6~8间宿舍，共31间宿舍，共使用2个AP覆盖，如图5-16所示。

由于AP布放在走廊，宿舍内部分区域信号较差，造成WLAN关联失败；且目前单台AP覆盖双边6~8间宿舍，按照每间宿舍4个用户计算，需同时满足48~64台终端同时接入，容量较低，用户反应网络差。

（2）宿舍楼扩容建设方案

在室内分布系统合路方案下，原采用2台11b/g AP，扩容可采用3台11n AP，在对容量需求大的地方，将原有分支系统细化成多个分支，增加合路AP。针对上述典型场景进行扩容，具体方案如图5-17所示。

除室内分布系统合路扩容方案外，还可采用新建AP + 全向吸顶天线方式进行扩容，原有室内分布系统保留供2G/3G/4G网络使用，合路AP可使用其他热点。

5.5.2 高校教学楼方案

1. 教学楼新建方案

（1）场景描述及需求分析

教学楼、自习室建筑结构一般有走廊单边、走廊双边教室，室内结构简单、空旷。建筑材质一般以钢筋混凝土为主，窗户较大，采用木质门，屏蔽效应较弱，无线信号容易从走廊直接穿透教室。此类场景覆盖重点为各个教室、自习室以及教员休息室。

高校教学楼和自习室内WLAN用户流动性较强，用户并发数量一般不太大。WLAN建设初期以覆盖为主；在中专、职高等学校中，教室与自习室分班设置，流动性较小，在自习时间用户并发数量较大，需要充分考虑用户容量变化。

WLAN建设初期以覆盖为主，个别大型教室、中专和职高自习室，需要兼顾容量。

（2）场景覆盖方案

高校教学楼场景可使用11n AP进行覆盖，一般采用室内分布系统合路方式。中专、职高等学校自习室与个别大型教室建议采用室内放装型方式。

教学楼内一般需要考虑WLAN信号覆盖，确定每台AP的安装位置和覆盖区域，合理设计分布系统的主干和分支。设备一般安装在教学楼每层机房、弱电井或走廊；天线一般安装在走廊的顶部，如果条件允许，可将天线延伸至教室内。

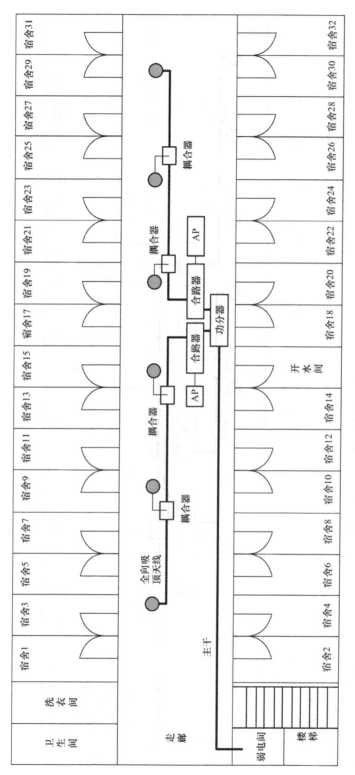

图5-16 扩容前室内分布系统合路方案示意图

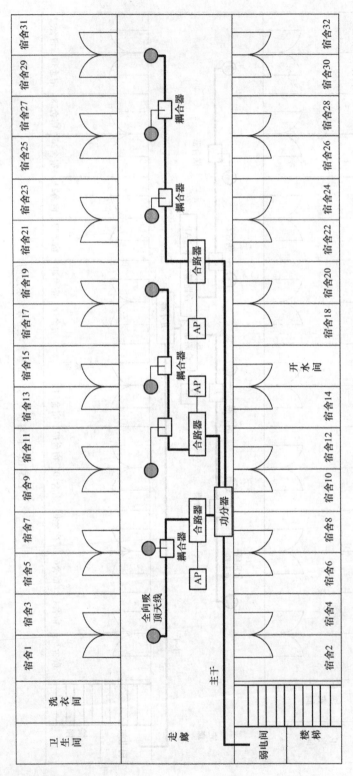

图5-17 扩容后室内分布系统合路方案示意图

对于信号穿透损耗较小（如采用木质门、有窗户等）的教室，可采用全向吸顶天线。由于教学楼建筑结构较为开阔，窗户较大，一般较容易满足信号强度要求；对于信号穿透损耗较大（如铁质门、无窗户、实心水泥墙体等）的教室，可采用定向板状天线。建议信号只穿透一堵墙为宜。

采用室内独立放装方式，建议将 AP 固定在教室顶棚或者墙壁上，调低功率，并利用教室墙壁，将信号控制在室内与走廊，避免 AP 互相干扰。

以某高校教学楼为例，建筑为钢筋混凝土结构的走廊双边教室，木门，有窗户。每层有 5 间普通教室和 1 间大型阶梯教室，单层面积约 900m²。

普通教室采用室内分布系统合路 1 台 500mW 的 11n AP，共采用 4 个全向吸顶天线，均匀分布在走廊中间；大型阶梯教室直接使用 1 台 100mW 的 11n AP 进行室内独立放装覆盖，一层教学楼共使用 2 个 AP。整栋楼由 POE 交换机集中供电，合路 AP 安装在楼层弱电间中。

AP 选择 2.4GHz 频点，20MHz 带宽模式，采用 1、6、11 三个频点间隔布放。

（3）实施要点

在教学楼采用室内分布系统合路方式时，需注意教学楼的建筑材质和结构，合理选择天线类型。11n AP 需注意多极化空间复用的天线。

教学楼相对较为空旷，AP 信号传播距离较远，需要做好楼层间 AP 的频点规划，做好同频、邻频干扰的优化。根据不同的房间需求，可有选择性地采用室内分布系统合路与室内独立放装方式，方案如图 5-18 所示。

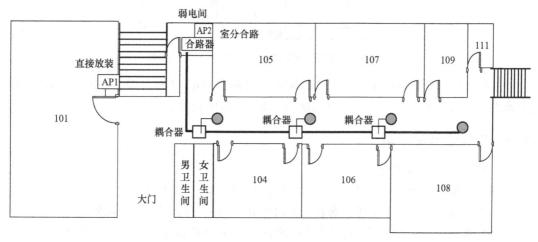

图 5-18　室内分布系统合路方案示意图

2. 教学楼扩容方案

（1）教学楼扩容描述及需求分析

教学楼与自习室因人流量大，用户基数大，又没有其他网络接入方式，随着 WLAN 的普及，将面临扩容的压力，方案如图 5-19 所示。

（2）教学楼扩容建设方案

例如，某中专教室，在室内独立放装方式下，由于 1 个 AP 覆盖 2 间教室，信号覆盖质量良好，如果教室内上网人数少于 20 人，使用 11b/g AP 可满足覆盖需求，但 1 个班级人数约 40 人，并发用户超过 20 人，无法满足学生的上网需求，因此需要进行扩容。方案如图 5-20 所示。

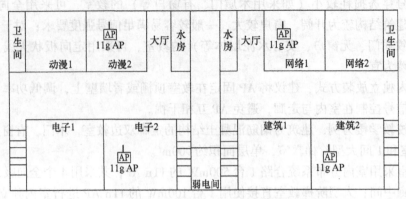

图 5-19 教学楼扩容前室内独立放装方案示意图

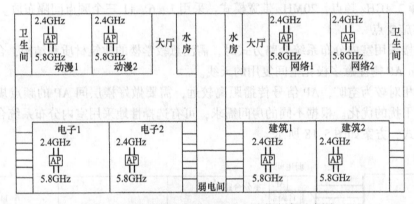

图 5-20 教学楼扩容后室内独立放装方案示意图

针对扩容前用户上网情况，可使用双频室内放装型 11n AP 和自带天线进行扩容，以满足全班人上网的需求。AP 工作在 2.4GHz 频段和 5.8GHz 频段。

5.5.3 高校图书馆方案

（1）场景描述及需求分析

高校图书馆是查阅信息资料与自习的场所。WLAN 用户流动性较强，用户并发数量一般不太大。该场景结构简单、空旷，有较大的窗户和木门，对信号屏蔽效应较弱。

WLAN 建设初期以覆盖为主，同时兼顾容量，主要覆盖阅览室、自习室和借阅室等区域。

（2）场景覆盖方案

图书馆可采用 11b/g 或 11n AP，一般采用室内分布系统合路方式，在特殊局部容量较高的区域，可采用室内独立放装方式。

图书馆覆盖一般以信号覆盖为主，需确定每台 AP 的安装位置和覆盖区域，合理设计分布系统的主干和分支。设备一般安装在图书馆每层机房、弱电井或走廊；一般采用全向天线，结合室内分布系统均匀放置在图书馆每层平层中。

以某高校图书馆为例，阅览室为钢筋混凝土结构，木门。每层有 2 个大型阅览室，1 个书库，6 个小办公室。单层面积约 2700m²。

办公室区域采用室内分布系统合路 1 台 500mW 11n AP，共采用 10 个全向吸顶天线，每间阅览室分别使用 1 个双频 100mW 11n AP 自带鞭状小天线进行覆盖。整栋楼由 POE 交换机集中供电，合路 AP 安装在楼层的监控室中，方案如图 5-21 所示。

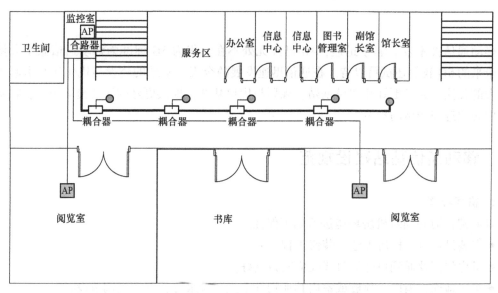

图 5-21　室内分布系统合路方案示意图

单用户按照 512kbit/s 流量计算，并发用户按照 20 人计算，本层共需要 10MHz 流量带宽，设计时应该考虑一定的余量。

（3）实施要点

在图书馆区域采用室内分布系统合路方式时，需注意图书馆顶棚的建筑材质，合理采用全向天线及安装位置。应做好楼层间 AP 的频点规划。根据不同的房间需求，可有选择性地采用室内分布系统合路与室内独立放装方式。

思考与练习

1. 什么是 WLAN？

2. 什么是 AP？它有哪些功能？

3. Mesh 是什么技术？用途如何？

4. 如何规划 2.4GHz 频点？

5. 结合贵校实际情况，若进行 WLAN 建设，简述你有什么好的规划方案？

第6章 基站建设与优化

移动通信技术发展非常迅速，4G已经无处不在，华为5G标准为移动通信做了大量贡献，未来的5G我们还拭目以待。在通信迅速发展的今天，基站的建设与优化还是引起了人们极大的关注。为了更好地建设基站、规划与优化基站，提供更好的无线覆盖服务，在基站建设中必须遵守严格的规范。

6.1 移动通信基站建设规范

1. 机房环境

基站建设时必须对机房环境进行如下保证。

- 安装设备时，机房土建、装修工程应完工。
- 机房门窗及通到户外的过线孔应密封良好。
- 机房地面、墙面、顶棚或室内其他物件上无明显水迹，有空气调节设备。
- 机房内不得存放易燃、易爆或腐蚀性、强热源的物体。
- 机房内配备消防器材并在有效期内。

2. 机架、支架、槽道安装

（1）保证项目

- 机架按设计文件安装，机架安装位置偏差符合设计偏差范围（无设计文件时应符合用户要求，并得到用户签字认可）。
- 走线槽道安装位置偏差不超过50mm。
- 机架（配线架、电源柜等）垂直误差不超过机架高度的1‰。
- 多机架并排时主走道侧成直线，整列机架面在同一平面，偏差不大于5mm。
- 和相邻同类机架高低一致，偏差不大于2mm。
- 机架（设备）座实，不可摇动，固定设备的螺栓必须拧紧，弹簧垫压平，每个机架安装平面不合要求的螺栓不得超过1个。
- 配发绝缘地脚安装时，必须保证膨胀螺栓和机架绝缘。
- 绝缘地脚压板安装到位，每个机架安装平面不合要求的地脚不得超过1个。
- 走道支（吊）架牢固，垂直误差不超过高度的1‰。
- 相邻机架紧密靠拢，缝隙不超过3mm。
- 底座应做防腐防锈处理。
- 室内走线槽道、走线架平整光洁，无毛刺。
- 要求做抗震加固处理的机架（设备）应有抗震加固处理，抗震地脚附件齐全，安装正确。
- 机框安装卡到位，保持牢固并固定。

（2）一般项目

- 膨胀螺栓及固定机架的其他螺栓、并柜安装的螺栓，平垫、弹簧垫齐全，弹簧垫放在螺母和平垫之间，弹簧垫压平。
- 绝缘地脚锁紧螺母紧靠机架底部锁紧。
- 同类螺钉的安装方式及露出螺母的长度一致。

（3）补充说明

机架设备安装标准说明：

1）外观清洁整齐，没有污损痕迹。

2）机架的零部件安装完整、牢固，表面无损伤。

3）标志正确、齐全。

机架设备应排列整齐，结构件无损坏、变形、掉漆现象，机架（配线架、电源柜等）垂直误差不超过机架高度的 1‰。

多排机架安装标准说明：

1）多排机柜之间排列整齐，不得歪斜，高度应一致，偏差不大于 3mm。

2）多排机柜之间留有不小于 1m 宽的通道，且间距一致。

3）机房应留有不小于 1m 宽的通道。

机柜高度调节安装标准说明：通过调节机柜底脚下方的螺母调节底脚的高度，从而调节机柜的高度和水平度。调节完成后锁紧底脚上方的螺母，锁定底脚。

机架之间的连接安装标准说明：机架的下框和上框的前后共四处需要连接，固定可靠。

门板安装标准说明：门轴转动灵活，销轴锁定可靠。

侧门安装标准说明：侧门悬挂在挂钩部件上，然后前后上下共四处需要固定连接。

顶面板、侧顶面板安装标准说明：固定牢固，表面与机柜对齐。

3. 电源线、地线

（1）保证项目

- 按产品安装手册要求，使用相应线径的电源线和工作地线或按设计要求选用。
- 机架、配线架地线安装齐全，不同模块号的多个机架的保护地线不得串接。
- 地线排接地电阻符合设备要求或满足设计文件要求。
- 电源线、地线应采用整段多股铜芯材料，中间不能有接头，绝缘层完好。冗余部分应剪掉，不得打圈或反复弯曲。
- 按电流容量使用相应规格型号的熔丝及开关。
- 配有双电源输入的机柜应与电源室两路不同的电源连接。
- 服务器机柜的双电源模块设备（如服务器、磁盘阵列等）的每一个电源模块分别插在两个不同的电源插座上，这两个电源插座必须与两路不同的交流电源连接。
- 电源母线、地线排上压接位置富余时，一个螺栓上只能压接一个端子，电源母线、地线排上压接位置不够用时，一个螺栓上最多只能压接两个端子。
- 电源母线、地线排上压接位置不够用、需要一个螺栓上压接两个端子时，两个铜鼻子应采取交叉安装或背靠背安装方式。必须重叠时应将位于外侧的线鼻做 45°弯处理，且应将较大线鼻安装于里侧，较小线鼻安装于外侧。
- 电源极性连接正确，GND、PGND、−48V 不得颠倒位置。

- 电源线、地线端子压接牢固，螺栓压接时应将弹簧垫压平。
- 电源线、地线系统的走线路由应满足设计文件要求（无设计文件时应符合用户要求）。
- 单独摆放的机框外壳应接保护地。
- 网管终端外壳、逆变器等设备的金属外壳需与直连的通信设备的保护地相连时，交流电网中性线地需要断开。
- 用户机房配备有工作地和保护地时，不得在设备内部将二者短接。
- 使用与线径及螺栓直径相符的铜鼻子，不得剪掉部分芯线以适应小型号的铜鼻子或者剪开铜鼻子以适应大型号的螺栓。

（2）一般项目

- PGND 保护地线采用黄绿色或黄色电缆，GND 工作地线采用黑色电缆，−48V 电源线采用蓝色电缆（现场采购必须符合此色标要求，其他视现场具体情况可以有差异），铜鼻柄及相连导线的裸线部分应用绝缘胶带缠紧或套热缩套管，应用绝缘胶带缠紧时，胶带颜色需和色标要求一致。
- 设备外放置电池的接线柱应加绝缘防护。
- 铜鼻子螺栓压接时应加平垫和弹垫，弹簧垫在平垫和螺母之间。

（3）补充说明

按照横平竖直原则规整线缆，用扎带呈方形或者圆形截面方式在设备内部和走线架上绑扎线缆，不交叉，扎带间距均匀，扎带头朝向一致，提倡用蜡线。电源线和信号线、尾纤应分类绑扎，分开布放和绑扎，机柜外电源线与信号线保持间距大于 5cm，不可交叠、混放。

电源引入机柜安装标准说明：

1）电源线经机柜侧面的走线槽到机柜顶部的横走线槽，再分别引入各机柜内部。

2）线缆绑扎整齐。

P 电源上的电源连接安装标准说明：

1）线缆连接正确、可靠。

2）线缆绑扎整齐，一次电源接到机架电源端子，正负极连接正确，−48V 用蓝色线，电源地用黑色线，电力电缆拐弯圆滑均匀，塑包电力电缆及其他软电缆的弯曲半径 ≥6 倍电缆外径；电源线开口鼻的焊接或压接牢固、端正；电源线两端贴有标签，标签上注明用途、去向；电源线、工作地、保护地连接可靠，排列整齐且有标记（最好采用颜色区分），如图 6-1 所示。

图 6-1　布线案例

4. 线缆、尾纤

（1）保证项目

- 电缆绝缘护套完好，无芯线外露。
- 走线架上电缆必须绑扎。
- 绑扎成束的电缆转弯时，扎带应扎在转角两侧，以避免在电缆转弯处用力过大造成断芯的故障。
- 线缆中间无接头。
- 插头连接正确，不得错接、漏接。
- 上走线时，电缆应直接上走线架，不得紧贴柜顶散热板布放，必须沿机柜上方走线时，和柜顶散热板距离不得小于10cm；下走线电缆在地面最高叠加不得超过地板高度的3/4，以免影响通风散热。
- 机柜内部两侧线缆走线上下线顺序正确，即布放远的电缆应绑扎在远离连接位置的一侧，布放近的电缆应绑扎在靠近连接位置的一侧；扩容线缆时与已有线缆可不按此要求。
- 机柜外电缆离开机柜1m以外不容许有交叉。
- 尾纤离开分纤盒及尾纤在机架外、机架和尾纤槽间布放时应穿保护套管。
- 尾纤保护套管进机架或尾纤槽的一端，应延伸至机架或尾纤槽内并固定，不得有重物压过保护套管。
- 光缆通过分纤盒分纤时，尾纤保护套管端头距离分纤盒不得超过0.5m。
- 机架内用绑带固定尾纤时不应过紧，尾纤在绑带环中可自由抽动，布放后不应有其他电缆压在上面，尾纤盘放弯曲直径大于80mm。
- 电源线和信号线、尾纤应分类绑扎，并分开布放和绑扎，机柜外电源线与信号线保持间距大于5cm，不可交叠、混放。
- DDF、MDF、ODF端子板后侧的预留线整齐，弧度、长度基本一致，预留线长度以足够保证调试时端子板翻转不受影响为准。
- 电缆中屏蔽层应接地。

（2）一般项目

- 绑带锁紧后应将多余部分齐根剪断，不得留有尖口；室外使用时，绑带尾可适当预留，不超过10扣，不得留有尖口。
- 现场制作的多芯中继电缆，同一根电缆中的芯线应根据连接位置预留不同的长度。横走线槽的实际出线长度（出线点到接头端部）应等于出线点到插座间水平和垂直距离之和，误差为±5%。芯线的走线弧度基本一致。护套绝缘层破口应在横走线槽内。
- 预制的多芯中继电缆，插上后背板后，横走线槽的实际出线长度（出线点到接头端部）应等于出线点到插座间水平和垂直距离之和，误差为±5%。芯线的走线弧度应一致。
- 电缆不得在横走线槽内360°弯曲。
- 电缆用绑带绑扎布放时，相同走向线束的绑带头朝向应一致。
- 机架外走线时，地面布放扎带间距应为电缆束直径的3~4倍，横走线架上扎带间距最大不得超过走线架2倍的横铁间距，垂直走线架上每根横铁处均需绑扎。

- 内部电缆垂直方向在每个横走线槽处两侧各绑扎一次。
- 进入机柜的电缆，每个垂直于后背板的走线托架处各绑扎一次。
- 电缆在横走线槽内绑带间距：上横托架后绑扎一次，水平方向绑扎间距不大于20cm。
- 未用插头应放入走线槽内。
- 机架内部线缆、尾纤应绑扎固定，不得悬空飞线。
- 线缆绑扎时，绑带锁紧力度适中，不得太紧引起线缆变形或太松导致线缆在绑带中可轻松滑动。
- 上走线时，机柜离走线架距离超过0.8m时应有走线梯。
- 使用相应型号的绑带，绑带串联绑扎不得超过2根。
- 电缆表面清洁，无施工记号，护套绝缘层无破损。
- 用户线电缆或双绞线护套电缆，护套绝缘层破口必须用绝缘胶带缠绕封扎。
- 带护套的多芯中继电缆，护套绝缘层破口必须平整。
- 尾纤套管端头切口应整齐无毛刺，套管连接处或端头需用电工绝缘胶布缠绕做防割处理，以防割伤尾纤。
- 电缆的弯曲半径应满足要求；2Mbit/s同轴电缆，$\geqslant 10D$；网线，$\geqslant 8D$；其他双绞线电缆，$\geqslant 6D$；电源线，$\geqslant 6D$。D为线缆或线缆束直径。
- 过长尾纤应整齐盘绕于尾纤盒内或绕成圈后固定。
- 未用的尾纤其光连接头应用保护套保护。
- DDF、MDF、ODF端子板附件固定牢固、整齐。
- 用户电缆（或多芯双绞线电缆）剥去外皮后，在剥皮处应缠有绝缘胶布或热缩套管。
- 用户电缆和中继电缆每线都应做导通测试，E1电缆接头焊接可靠、无短路。

（3）电缆安装标准
- 各种信号线走线平直、整齐，不得超出走线架或槽道两侧，无起伏或歪斜现象，没有交叉和空飞现象。
- 电缆转弯应均匀圆滑，弯弧外部应保持垂直或水平成直线。
- 线缆的外皮无损伤。
- 线缆两端要贴有明显的标签，注明用途、去向。
- 信号电缆和电源线应分开布放，如必须在同一个走线架上，则间距应大于200mm。
- 线缆绑成束时，在电缆走道上捆扎紧固，扎带间距应为线缆束直径的4倍，且间距均匀。
- 扎带扎好后，多余部分齐根平滑剪齐，在接头处不得留有尖刺。

（4）电缆布线原则
电缆布线的一般原则：分类布线，先布里面的线，再布外面的线；机架内的电缆在里面，机架间的电缆在外面；距离远的电缆在里面，距离近的电缆在外面；细线在里面，粗线在外面。

电缆绑扎的一般原则：各电缆按要求沿走线架进行绑扎，电缆绑扎从端头开始，并且端头留有适当的弧度，方向一致；线束的每条线之间保持平行，不能有交叉和扭转现象；线束绑扎均匀，线束转弯的两端必须进行绑扎；线扣的结打在横走线架扣孔的下面，一个孔只扎一个线扣。线缆、尾纤布局如图6-2所示。

- 电缆最好每根线做一个标签，电缆剖口须藏在走线托架内，外露部分须用线扣绑扎，保持弧度一致。
- 规整线缆，用扎带呈方形或者圆形截面方式在设备内部和走线架上绑扎线缆，不交叉，横平竖直，扎带间距均匀，扎带头朝向应一致，提倡用蜡线。

图 6-2　线缆、尾纤布局

- 上下走线时，机架和上下走线架之间电缆要保证垂直。
- 信号电缆上下走线时，如果有可能，应在机顶留有一定的余量，信号电缆下走线时，机架底或地板底应留有余量。

5. 标签系统

（1）保证项目

机架行、列标签内容符合工程设计要求或整个机房里设备规划有序、一致，不得重复。

（2）一般项目

- 标签采用专用贴纸，位置标注按产品手册要求。
- 所有电源线、地线、信号线、尾纤及多芯同轴中继电缆的每根芯线均要粘贴标签，微同轴电缆每根电缆一个标签，120Ω 中继线每对一个标签，标签紧贴端头粘贴，距离端头 2cm，机柜门、侧门板保护接地线不需做标签。
- 标签上一般都印刷有标签用途，按用途使用，例如，Power cable：电源线；Trunk cable：中继电缆；Subscriber cable：用户电缆；Optical fiber：光纤。
- 一般标签上都印刷有 R 和 L，如果标签上没有印刷 R 和 L，则本端连接位置一律写在标签的右侧，远端本端连接位置一律写在标签的左侧。
- 标签书写工整，应使用仿宋体打印，条件不具备时应采用工程字书写，内容格式符合产品规范，注明本端和远端位置，不得简单使用数字标注，内容一般要求采用如下格式：机架号（或模块号、机柜名称）—机框号—板位号—接口号，机架号一般标注为 A00、A01、…、B00、B01、…；如果现场设备少，没有设备种类重复，通过设备种类名称即可区分，则机架号可以直接取设备名称，如 RSM、RSU、SDH、DDF、ODF 等。
- 电源线标签内容规范。远端：机架号—设备类型 - 电源线的性质；本端：机架号—设备类型 - 电源线的性质；行号架号：A01、A02、…、B01、B02、…；设备类型：ZXJ10、ZXA10、…、直配（直流分配柜）、列头柜等；电源线的性质：- 48V、GND、PE。
- 尾纤标签粘贴规范。机架内部的单光口板（FBI 和 SDT）：机架号（RSM、RSU 或 SDH）—层号—槽位号—T 或 R，机架内部的多光口板（CFBI）：机架号（RSM、RSU 或 SDH）—层号—槽位号—第几个 PCM 口 R 或 T；机架外接：机架（RSM、RSU 或 SDH）—层号—槽位号—T 或 R；ODF—机架号—层号—第几个 PCM 口 T 或 R。

- 用户线标签粘贴规范。配线架：MDF—机架号—该机架内第几根电缆；设备侧：ASLC—机架号—层号—该机架内第几根电缆，层号一般为 1、2、3、…、6。
- 中继电缆标签粘贴规范：机架号（RSM、RSU 或 SDH）—层号—槽位号—第几个 PCM 口（00～15）T 或 R；DDF—机架号—层号—第几个 PCM 口（00～09）T 或 R，层号一般为 1、2、3、…、6。
- 设备间对接，则收 R 对发 T；设备和配套机架对接（如 DDF、ODF 等），则收 R 对收 R。
- 机柜行、列标签粘贴在机柜标签虚框内。
- 电源柜内断路器应用规范标签标明连接去向，即对端机柜的机柜号（或模块号、机柜名称）。
- 类似位置的标签粘贴朝向基本一致，朝向角度误差不超过 45°。
- 电源分配柜内，断路器标签粘贴工整。
- 馈线标签齐全，表示出所在扇区和收发，安装位置和朝向一致。

标签标识如图 6-3 所示。

6. 机房控制室 \ 网管设备

(1) 保证项目

- 网管设备及附属装置（如电源插排）的固定、摆放应满足安全需要，不易发生误操作。
- 告警箱电源线及信号线在地板下及墙面布线、穿墙时应敷设在套管或线槽内，多余部分盘好置于告警箱侧地板下或走线梯上。
- 网线布放应绑扎整齐，理顺不交叉，绑扎力度合适。

图 6-3　标签标识

(2) 一般项目

- 告警箱安装位置合理，告警箱安装后底部与地板平行，线槽挨着告警箱出线侧安装，线头不要外露。
- 计算机及外设的零部件的紧固装置牢固固定。
- 计算机及外设的防尘挡板及其他部件齐全。
- 计算机及外设、告警箱表面清洁无污迹，不得放置杂物及影响设备安全的物品。
- 有多个告警箱时应贴标签。
- 网线水晶头压接牢固，连接正确可靠。
- 红外传感器安装位置合适，探测范围能覆盖机房的关键出入口。
- 温湿度传感器应安装在机柜不远的地方，不要超过 1m。
- 烟雾传感器应安装在机柜顶部的水平走线支架上。
- 有多个维护终端的情况下，至少有一台维护终端应安装调制解调器，且有能就近相连的电话线，便于远程维护。
- 告警箱前盖开、关应顺利。

(3) 补充说明

告警箱安装标准说明：

1）告警箱安装在距地面 1.5m 的高度。

2）固定牢固、整齐。

3）线缆沿墙面走线槽布放，绑扎整齐。

后台布置安装标准说明：计算机台安装整齐，维护台面整洁有序，外设齐全，线缆连接正确、可靠。机房控制室内有多个告警箱时，必须加标签，墙面走线必须在套管或线槽内。

7. 卡线

（1）保证项目

打线不得错位。

（2）一般项目

● 横列、直列卡线排穿线时不得有重叠，绝缘部分完好。

● 使用与电缆相配的线耳，线耳应压紧、夹实，压线耳压制位置正确。

● 插头定位卡等附件安装齐全。

● 插头接触良好，按规定套上热缩套管或缠上绝缘胶布。

● 打线不得错位。

卡线布局如图 6-4 所示。

图 6-4　卡线布局

8. 基站安装

（1）保证项目

● 基站接地阻值应小于 5Ω，对于年雷暴日小于 20 天的地区，基站接地阻值应小于 10Ω 或按照工程设计要求。在用户新建机房安装基站设备前，必须测量地排接地阻值，如达不到要求，必须签署备忘录，要求用户改善。

● 天线安装在铁塔上，馈线在塔下拐弯前 1.5m 范围内接地；如果此接地点到馈线入机房的长度大于 20m，在馈线拐弯进机房前 1.5m 范围内接地，塔高大于 60m 时，馈线每隔 20m 接地，接地线应顺着馈线下行方向；楼面布放长度超过 20m 时，馈线每隔 20m 接地。

● 天线在房顶安装时，天线支撑杆应接地；馈线进机房前 1.5m 范围内接地，楼面布放长度超过 20m 时，馈线每隔 20m 接地。

● 馈线入机房之前，应做"滴水弯"。

● 馈线水平布放时，馈线卡子间距不大于 1.5m；竖向布放时，馈线卡子间距不大于 1m。要求间距相同。

- 射频天线和 GPS 天线应在避雷针保护区域内，避雷针保护区域为避雷针顶点下倾 45° 范围内；所有天线支撑杆必须牢固安装，不可摇动，屋顶安装的抱杆必须接地或在防雷保护范围之内。
- 馈线进机房前须有防水弯。
- 直放站主机箱、各类天线或其他室外单元固定牢靠。
- 天、馈线接头牢固。
- 馈线密封窗的密封套上的注胶孔应朝上，密封窗板应安装在室内一侧。

(2) 一般项目

- 楼顶安装馈窗引馈线入室时，要保证馈窗的良好密封。
- 基站保护地线线径不小于 35mm^2，接到室内保护地线铜排，与保护地线铜排接触可靠并且牢固。工作地线线径不小于 25mm^2，-48V 电源线线径不小于 25mm^2，布放平直，连接良好。
- 接地母线应直接连在室内地线排上，不经过任何设备。接地母线线径必须大于 50mm^2。
- 室外接地铜排有专用的可靠通路引至地下接地网，线径要大于 50mm^2。
- 接地排要与墙面绝缘，接地线路径应尽可能短。
- 保护地线与交流中性线分开敷设，不能相碰，不能合用。
- 交流中性线在电力室单独接地。
- GPS 避雷器接地线线径不小于 6mm^2，必须连接到室外地线排上，并与室外接地铜排可靠接触。
- 射频避雷器和 GPS 避雷器，应悬挂在走线架的两个横挡之间，避雷器不能接触走线架，要求与走线架绝缘。
- 避雷器架的接地铜线在向室外引出时，必须和室内的导体绝缘。
- 避雷器架的接地铜线必须引到室外接地铜排可靠接地。
- 馈线最小弯曲半径应不小于馈线半径的 20 倍。
- 主馈线的布放要有整体规划，机柜正面与馈线入室方向平行或机柜背面正对馈线入室方向时，一个扇区排成一行，每行的排放次序应一致；当机柜正面正对馈线入室方向时，一个扇区排成一列，每列的排放次序应一致。
- GPS 信号电缆应在走线梯的每根横铁处绑扎，沿墙面走线时应绑扎均匀，最大绑扎间距不得超过 0.76m，拐弯两侧须绑扎固定。
- 室外接地应先去除接地点氧化层，每根接地端子单独压接牢固，并有防腐处理。
- 馈线自楼顶沿墙壁入室若使用下线梯，则下线梯应接地。
- 室外接天线的跳线应沿支架横杆绑至铁塔钢架上。
- 室外天线与 1/2in 跳线接头的包扎、1/2in 跳线与主馈线接头的包扎要求是：在接头处先裹上防水自粘胶带，防水自粘胶带在天线端必须裹到天线的根部，馈线端裹到离接头 10cm 处；在防水自粘胶带外再裹上绝缘胶带，并且要超过防水自粘胶带包裹的距离。
- 跳线与天线的连接处，跳线要保持 30cm 和天线平直。
- 天线支架与铁塔连接要求可靠牢固。

- 各扇区主分集天线与机架的机顶跳线一一对应。
- 全向天线在屋顶上安装时尽量避免产生盲区。
- 同一扇区两根天线的分集距离是指两天线的朝向平行线之间的垂直距离，注意并非是两天线的连线距离；双极化天线不考虑分集距离。对于 800MHz 系统，要求分集距离大于 3.5m；对于 1.9GHz 系统，要求分集距离大于 1.5m；对于 450MHz 系统，要求分集距离大于 7m。
- 装在同一根天线支架上的不同扇区天线的两定向天线的垂直间距应大于 0.6m。
- 与 G 网天线隔离，要求垂直隔离距离大于 1m，水平隔离距离大于 2m。
- GPS 天线要求垂直、无遮挡、安全、位置尽可能低，要求 GPS 立体角大于 90°。
- 固定安装 GPS 的抱杆必须接地。
- 无铁塔时 GPS 天线安装在楼顶，须为 GPS 天线单独安装避雷针。GPS 天线应处于避雷针下 45°角的保护范围内。在天线和所有馈线安装完后，要进行驻波比的测量。
- 室内 1/2in 跳线连接机架的一端接在驻波比测试仪上进行测试，要求测试的驻波比小于 1.5，最好小于 1.3。
- 要求填写相应的 VSWR 值，并提供 VSWR 测试图。
- 风扇开关正常，风扇转动正常，告警正常。

9. 最终装配

（1）保证项目

- 机架、门、顶侧挡板不得有严重损伤或变形，不得刮花、掉漆（超过 20mm² 的面积露出金属），掉漆应补漆，属于运输损坏的应立即通知办事处项目经理并进入补发货流程。
- 机柜内及底部地板无明显灰尘。
- 设备安装完毕，设备周边防静电地板安装平整、牢固，底座应与地板紧密相贴，施工过程中移开的地板应保证安装平整、牢固。
- 每个机架中每个操作面至少安装一个防静电手环，防静电安装孔座必须安装牢固。不在机架内而单独摆放的带单板拔插的机框也需要配备手环，手环夹在机框接地的外壳上。
- 电源分配柜和其他类型机柜并排时需安装侧门板进行架间隔离。
- 机架不得作为储物柜来存放工具、零部件等杂物。
- 凡有短路可能的屏蔽线、裸线应加绝缘套管。
- 风扇进风口和出风口不能有遮挡。

（2）一般项目

- 无单板槽位应装假面板。
- 机架线缆出入口防鼠防尘封板保护完好，安装正确、牢固，线缆出入口尽可能封闭，使缝隙最小，现场也可采用整齐美观、绝缘、阻燃的材料进行可靠封闭。
- 单板固定螺钉拧紧，定位卡到位。
- 服务热线指南标牌按要求粘贴。
- 机架门板、挡板等附件安装齐全。
- 门保护地线牢固连接。

- 机架表面清洁，无划痕。
- 机架内不应有多余的线扣、螺钉等工程余、废料。
- 空光环路接口、空插座应有防护帽。
- 信号接头插、接头应拧紧。
- 机柜门应开、合顺畅。
- 发货时绑扎在机柜中的电缆、门钥匙、零件袋等应取下。
- 电源分配柜、列头柜、P 电源所有未使用的断路器处于断开状态。
- 散热风扇在组件外配有独立开关的，设备上电后开关一律处于闭合状态。
- 检查实际使用天线的型号，实际使用的天线型号与网络规划一致。
- 天线挂高指从地面到天线中部的距离，要求实际天线挂高与网络规划一致，天线的安装位置应与设计相符。
- 测量天线的方位角，如果是单极化定向天线，则每根天线都要测量。实际天线方位角与网络规划一致，同一扇区两副天线朝向应一致，定向天线方位角误差不大于 ±5°。
- 用量角仪测量天线的实际机械下倾角，如果是单极化天线，则每根天线都要测量；全向天线不检查，定向天线倾角误差应不大于 ±0.5°。实际天线机械下倾角与网络规划一致，且两根单极化天线的下倾角一致。
- 对于指针式电调天线，用扳手直接调节天线；对于有数码控制的电调天线，则在机房通过按键输入控制，如果控制线断开，则需要到天线端用扳手直接调节天线。对于单极化天线，每根天线都要测量；实际天线电调下倾角与网络规划一致，且两根单极化天线的下倾角一致，如果不是电调天线此项不要求。
- 所有天线的抱杆安装稳固，抱杆接地良好，要求所有天线抱杆垂直于地面，保持垂直误差应小于 2°。
- 全向天线收发水平间距应不小于 3.5m。
- 全向天线离塔体距离应不小于 1.5m，定向天线离塔体距离应不小于 1m。
- 全向天线护套顶端应与支架齐平或略高出支架顶部。
- 全向天线在屋顶上安装时，全向天线与天线避雷针之间的水平间距应不小于 2.5m。

（3）补充说明

接地安装标准说明：前后门、侧门的上下方都需要和机架接地线连接，线缆连接正确、可靠。无用的 HW 线缆头要整理到走线槽，多余的线缆和工程辅料要清理干净，设备面板整洁，禁止在面板上粘贴标签或做标记。

一般不提倡在单板表面粘贴标签，如果确实有必要，须将其粘贴规范、整齐，要规范书写（打印）。机架出线孔密封良好，能够达到防鼠的目的。接地图如图 6-5 所示，单板表面粘贴标签及机架出线孔如图 6-6 所示。

图 6-5　接地

10. 行为规范和安全操作规范

（1）保证项目

- 没有征得用户同意不得进入用户机房。
- 未经授权的人不可进入用户网管系统。
- 机房土建、装修未完情况下，不得进行设备安装，

图 6-6　单板表面粘贴标签及机架出线孔

用户要求必须安装时，在安装中和安装完毕后，应对设备有防护措施。

- 每天施工完毕，门窗、电源、通到户外的过线孔应妥善处理。
- 登高或在设备上方作业时，避免踩踏线缆及机架设备，随身携带物件固定牢靠，以免发生跌落或碰撞设备的危险；应对机柜顶加以防护，不得有金属屑等工程废料落在柜顶。
- 在机房内不得操作非本次工程的设施，不得进入非本次工程施工区域。如果有必要，需经过用户允许。
- 携带板件等出入机房应向用户说明用途并征得用户同意。
- 作业时工具做绝缘防护处理，工具（电烙铁等）使用及摆放正确，以免造成人身伤害、设备或电路板损坏。
- 不得将无插头的电源线直接插入插座内。
- 在机房内不得抛掷工具、材料或其他物件。
- 钻孔时用吸尘器吸走粉尘。
- 单板拆包装、插拔符合防静电操作规范，戴防静电手环，手与元器件及电路板背面不要直接接触。
- 单板拔插应顺着槽道方向，不得强行拍打使单板或机框受损。

（2）一般项目

- 拆开的防静电袋应妥善保存，备用单板应用防静电袋包装。
- 安装使用工具符合防静电要求。
- 机房内不应零乱地堆放着各种包装箱和单板，应干净、整洁，并采取相应的防尘措施，安装剩余备用物品应合理堆放。
- 现场培训必须达到现场培训手册要求的授课时间。经过培训，应能使用户主要设备维护人员掌握现场培训手册要求的设备基本理论知识和日常维护及操作，培训组织、方式、授课人员的教材熟悉程度、理论联系实际程度、生动性和语言表达能力应能得到用户受培训人员的认可。
- 严格执行保密法规。
- 不得将个人情绪带到工作之中，不得使用抵触性的语言。对用户提出的问题和意见应记录好，不得随意承诺，应及时向项目经理反馈。

- 阶段负责人应定期主动向项目经理汇报进展。
- 施工时应衣着整齐，佩带工作卡，严格遵守用户机房的规章制度。

（3）工程安全操作规范

图 6-7　单板安装示范

单板安装必须佩戴防静电手环，安装、拆卸不能和单板直接接触，机房内不应零乱地堆放着各种包装箱和单板，应干净、整洁，并采取相应的防尘措施，安装剩余备用物品应合理堆放。单板安装示范如图 6-7 所示。

6.2　4G 基站施工项目实施案例

6.2.1　移动通信工程勘察

1. 勘察概述

移动通信工程勘察主要针对的是移动通信系统基站工程勘察与设计，基站工程勘察与设计是网络建设中的一个重要环节，内容包括基站初勘选址、站址获取、勘察、设计及出图等。要求设计人员一方面从规划、可行性研究的高度理解网络建设目标，明确覆盖对象和策略；另一方面从工程和技术两个层面选址勘察设计，以确保设计方案在技术上可行，工程上容易实施并且使网络质量性能达到最优。移动通信工程勘察是移动通信系统设计的重要组成部分，直接影响无线网络的性能和建设成本。

2. 任务实施条件

1）相关勘察设备：数码相机、笔记本式计算机、指南针、钢卷尺、绘图工具、GPS 手持机、地阻仪（可选）、频谱仪（可选）、声波或激光测距仪（可选）、当地地图。

2）维护终端（配置教师机、网络服务器和若干维护终端计算机）。

3. 实施步骤

1）制订工作计划。

2）了解移动通信工程勘察过程，描述移动通信工程勘察过程。

3）完成移动通信工程勘察报告。

4）学习 CAD 软件的使用。

5）完成工程勘察设计图。

6）能够对项目完成情况进行评价。

7）根据项目完成过程提出问题及找出解决的方法。

8）撰写项目总结报告。

4. 勘察流程

（1）室外环境勘察

在选定基站前应先确定站点所处位置地貌归属，其次应观察并记录基站周围环境情况。观察周围有没有需要重点覆盖的地方（如国道、省道、高速公路、繁华商业区等）；是否有高大建筑物的遮挡；是否有大面积的水面、树林（树木种类为落叶/常青类）等。

（2）机房勘察

机房勘察时要记录机房所在楼的总楼层数及机房所在的楼层，判断是否需要增加走线架，测量机房净高和走线架高度，确定现有走线路由和宽度是否足够，确实机房是否要开馈线洞以及新开馈线孔条件，确定机房墙体类型，确定是否壁挂（如防雷箱）。设备基本情况勘察时要记录主机柜型号和数量，开关电源的厂家、型号、尺寸以及模块和熔丝的数量和容量，电池的厂家、容量，摆放方式、整体尺寸，空调的厂家、尺寸、数量，配电箱的尺寸大小等。

（3）天馈勘察

了解基站周围环境，如周围是否有高大建筑，分析与天馈距离远近情况，查看受风面积是否超标，记录天馈信息（天线、馈线、室外开关电源等）、铁塔承载力等信息。

6.2.2　基于中兴 TD - LTE 基站的设备硬件结构与安装

在基站建设过程中，掌握基站的建设方法和要求以及掌握相关设备的硬件结构与原理是完成基站建设的基础，掌握上述内容才能正确地完成基站的硬件安装，完成硬件安装后才可以进一步进行设备的软件配置，最终实现基站设备的安装建设，下面以中兴产品为例进行解析。

1. 中兴 TD - LTE 基站设备硬件结构

TD - LTE 基带处理单元 BBU3900 如图 6-8 所示，BBU3900 相关参数见表 6-1。

BBU3900　　　　FAN　LBBP　　　LMPT　　UPEU

图 6-8　BBU3900

表 6-1　BBU3900 产品规格

LMBP	具有 S1/X2 接口，具备主控、传输、消息交换、时钟同步、维护功能 共 4 个物理端口：2 个 FE/GE 电口，2 个 FE/GE 光口
LBBP	基带处理/CPRI 光接口，容量规格：$3 \times 20MHz$ 2T2R 小区或者 $1 \times 20MHz$ 8T8R 小区
FAN	风扇
UPEU	电源模块，具有提供电源、监控、告警功能
演进	支持 TDS/TDL 双模 BBU
电源	DC - 48V（DC - 38.4 ~ - 57V）
环境	- 20 ~ + 55℃/IP20
传输	FE/GE 光口或电口
功耗	150W（典型 LBBP）、535W（典型 6LBBP）
尺寸	86mm × 442mm × 310mm
质量	≤12kg（满配）

TD - LTE 射频处理单元：E 频段 2 通道 RRU3211 如图 6-9 所示，RRU3211 产品规格见表 6-2。

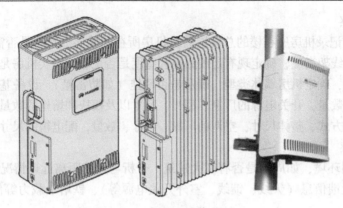

图 6-9　E 频段 2 通道 RRU3211

表 6-2　RRU3211 产品规格

电源	-48V DC（DC -60 ～ -36V）
环境	-40 ～ +55℃/IP65
传输	FE/GE 光口或电口
尺寸	20L：120mm × 480mm × 356mm
质量	≤20kg

TD - LTE 射频处理单元：D 频段 8 通道 RRU3233 如图 6-10 所示，TD - LTE 射频处理单元产品规格见表 6-3。

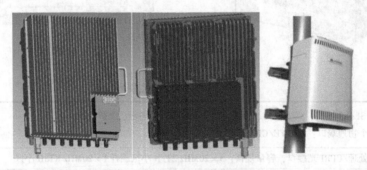

图 6-10　D 频段 8 通道 RRU3233

表 6-3　TD - LTE 射频处理单元产品规格

电源	DC -48V（DC -60 ～ -36V）
环境	-40 ～ +55℃/IP65
尺寸	≤21L：130mm × 545mm × 300mm
质量	≤21kg
安装	抱杆安装、挂墙安装/立架安装、靠近天线安装
工作频段	2570 ~2620MHz
功耗	320W
功率	8 ×10W
工作带宽	20MHz
光接口	2 个 4.9G CPRI 接口
演进	支持与 TDS 同频段共模

2. 分布式基站的安装

分布式基站结构的核心概念就是把传统宏基站基带处理单元（BBU）和射频处理单元（RRU）分离，二者通过光纤相连。在网络部署时，将基带处理单元集中在机房内，通过光纤与规划站点上部署的射频拉远单元进行连接，完成网络覆盖，从而降低建设维护成本，提高效率。

（1）BBU 安装

① BBU 与其他 19in 设备共机架安装。在 BTS 站点，当现场存在其他 19in 机架设备（如电源、传输或其他制式 BTS 等）且机架中至少有 4U 空间（BBU 占 2U，走线槽和 GPS 面板各占 1U）可用时，可将 BBU 与其他设备共机架安装。

② BBU 与 HUB 柜安装。

③ BBU 简易挂墙安装。

④ BBU 线缆连接。

（2）BBU 线缆连接

BBU 线缆连接示意图如图 6-11 所示。

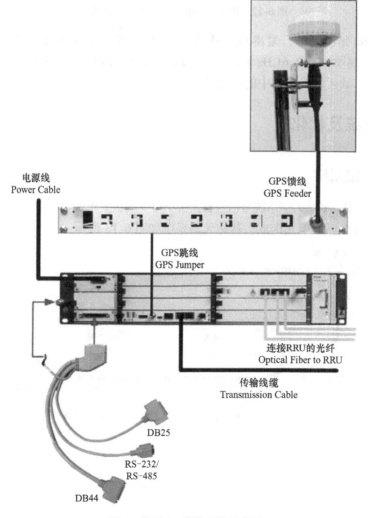

图 6-11　BBU 线缆连接示意图

（3）RRU 与 RRU 安装

RRU 与 RRU 采用背靠背安装方式，如图 6-12 所示。

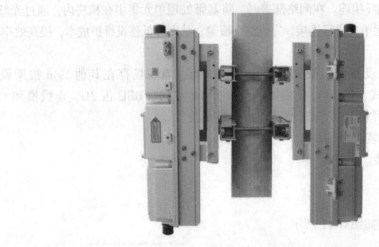

图 6-12　RRU 与 RRU 背靠背安装方式

ZXSDR R8962 是新型的、紧凑型双通道 TD – LTE 射频远端单元（RRU），可以支持 2.3GHz 频段（E 频段）或 2.6GHz 频段（D 频段），它与 eBBU 一起组成完整的 eNodeB，主要用在密集城区、城区站点建设中的室内场景。

6.3　天馈系统及优化

6.3.1　基站天馈系统

移动通信系统中，基站天馈系统是信号收发必不可少的重要系统，下面对该系统进行简析。

基站天馈系统由以下单元构成，基站天馈系统如图 6-13 所示。

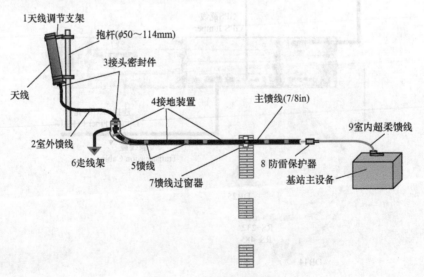

图 6-13　基站天馈系统

（1）天线调节支架

用于调整天线的俯仰角度，范围为 0°～15°。

（2）室外跳线

用于天线与 7/8in 主馈线之间的连接。常用的跳线采用 1/2in 馈线，长度一般为 3m。

（3）接头密封件

用于室外跳线两端接头（与天线和主馈线相接）的密封。常用的材料有绝缘防水胶带（3M2228）和 PVC 绝缘胶带（3M33＋）。

（4）接地装置（7/8in 馈线接地件）

主要是用来防雷和泄流，安装时与主馈线的外导体直接连接在一起。一般每根馈线装三套，分别装在馈线的上、中、下部位，接地点方向必须顺着电流方向。

（5）7/8in 馈线卡子

用于固定主馈线，在垂直方向，每间隔 1.5m 装一个，水平方向每间隔 1m 安装一个（在室内的主馈线部分，不需要安装卡子，一般用尼龙白扎带捆扎固定）。常用的 7/8in 卡子有两种，包括双联和三联。7/8in 双联卡子可固定两根馈线，三联卡子可固定三根馈线。

（6）走线架

用于布放主馈线、传输线、电源线及安装馈线卡子。

（7）馈线过窗器

主要用来穿过各类线缆，并可用来防止雨水、鸟类、鼠类及灰尘的进入。

（8）防雷保护器（避雷器）

主要用来防雷和泄流，装在主馈线与室内超柔跳线之间，其接地线穿过过窗器引出室外，与塔体相连或直接接入地网。

（9）室内超柔馈线

用于主馈线（经避雷器）与基站主设备之间的连接，常用的跳线采用 1/2in 超柔馈线，长度一般为 2～3m。

由于各公司基站主设备的接口及接口位置有所不同，因此室内超柔馈线与主设备连接的接头规格也有所不同，常用的接头有 7/16DIN 型和 N 型，有直头也有弯头。

（10）尼龙黑扎带

主要有两个作用：

1）安装主馈线时，临时捆扎固定主馈线，待馈线卡子装好后，将尼龙扎带剪断去掉。

2）在主馈线的拐弯处，由于不便使用馈线卡子，故用尼龙扎带固定。室外跳线也用尼龙黑扎带捆扎固定。

（11）尼龙白扎带

用于捆扎固定室内部分的主馈线及室内超柔跳线。

6.3.2　网络优化

1. 天线参数在移动组网中的应用

（1）方向图

1）水平方向图的波束宽度与覆盖区域面积有关，即宽度越宽，覆盖区域面积越大，方向图如图 6-14 所示。

2）垂直方向图的波束宽度决定区域内功率的分布。

（2）通信方程式

通信方程式参考式(6-1)。

$$P_{\rm T}({\rm dBm}) = P_{\rm R}({\rm dBm}) + 20\lg 4\pi R({\rm m})/\lambda_{\min}({\rm m}) - G_{\rm T}({\rm dBi}) - G_{\rm R}({\rm dBi}) + L_{\rm c}({\rm dB}) + L_0({\rm dB})$$

$$(6-1)$$

式中，$P_{\rm T}$ 为发射功率；$P_{\rm R}$ 为接收功率；R 为收发天线距离；λ 为工作波长；$G_{\rm T}$ 为发射天线增益；$G_{\rm R}$ 为接收天线增益；$L_{\rm c}$ 为基站发射天线的馈线损耗；L_0 为传播途中的电波损耗。

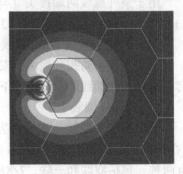

图6-14　水平方向图

在系统设计时，对最后一项电波传播损耗 L_0 要留有足够的余量，一般电波传播损耗与传播途中的自然条件有关，如经过树林和土木建筑时有 10~15dB 损耗，经过钢筋水泥墙时有 25~30dB 损耗。

对于800MHz、900MHz 的通信系统来说，通常认为手机的接收门限为 -104dBm，而实际接收的信号应高出 10dB 左右才能保证手机收到的信号达到要求的信噪比。实际上，为了保持良好的通信，往往按接收功率约 -70dBm 来计算，下面举例计算，以帮助大家理解。

若设基站有如下常数：

发射功率为 $P_{\rm T} = 20{\rm W} = 43{\rm dBm}$；

接收功率为 $P_{\rm R} = -70{\rm dBm}$；

馈线损耗为 $L_{\rm c} = 2.4{\rm dB}$（长约60m馈线）；

手机接收天线增益 $G_{\rm R} = 1.5{\rm dBi}$；

工作波长 $\lambda = 33.333{\rm cm}$（$f_0 = 900{\rm MHz}$）；

上述通信方程式变为式(6-2)：

$$43{\rm dBm} - (-70{\rm dBm}) + G_{\rm T} + 1.5{\rm dBi} = 32{\rm dB} + 20\lg R({\rm m}) + 2.4{\rm dB} + L_0 \qquad (6-2)$$

可得出　　　　　　$80.1{\rm dBm} + G_{\rm T}({\rm dBi}) = 20\lg R({\rm m}) + L_0$

当 $G_{\rm T}({\rm dBi}) > 20\lg R({\rm m}) - 80.1{\rm dBm} + L_0$ 时，可认为能保持系统良好通信。

如果基站采用全向天线，$G_{\rm T} = 11{\rm dBi}$，收发天线距离 $R = 1000{\rm m}$，代入上式得 $L_0 < 31.1{\rm dBm}$ 时，可在1km距离内保持良好的通信。

在上述同样损耗条件下，如果发射天线增益 $G_{\rm T} = 17{\rm dBi}$，即提高6dBi，则通信距离可增加一倍，$R = 2{\rm km}$。

另外，如果在上述计算中，保持 $G_{\rm T} = 11{\rm dBi}$ 不变，而是 L_0 减少20dBm，则 R 可增加10倍，即 $R = 10{\rm km}$。而传播损耗与周围的自然条件密切相关，在城区，高层建筑高而密集，传播损耗大；在郊区农村，房屋低而稀疏，传播损耗小。因此即使通信系统的设置完全相同，由于使用环境的不同也会使覆盖的功率有不同的结果，从而影响通信效果。

所以在选择基站天线时，必须根据应用环境来选择不同类型、不同规格的基站天线。

由于天线的垂直波束如图6-15所示，在前面的计算中，我们所给的 $G_{\rm T}$ 值实际上是在波束的主轴线上的值。由于基站天线均架设于高塔上，这样为保证处于地面上的接收者有足够的功率覆盖，天线就必须倾斜，具体倾斜角度由塔高和用户与基站的距离 d 来决定。

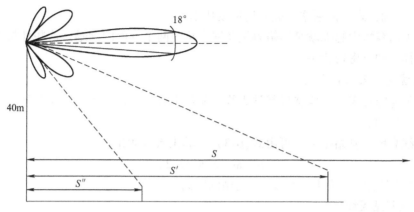

图 6-15 垂直波束

另外，由天线垂直方向图也可看出，当地面上所处的位置正好处于波束的零值点照射区时，就会出现"塔下黑"的现象。解决"塔下黑"的方法最好是采用零值填充天线，其次通过使波束下倾也可缓解"塔下黑"的区域。

2. 网络优化的概念

无线网络优化是指按照一定的准则对通信网络的规划、设计进行合理的调整，使网络运行更加可靠、经济，网络服务质量优良、无线资源利用率较高，这对用户及运营商都是十分重要的。

网络服务的质量 ITU－T 建议服务的质量划分为六项，内容如图 6-16 所示。

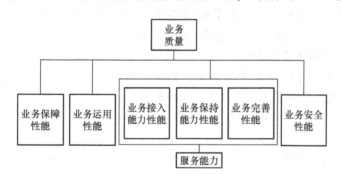

图 6-16 网络服务的质量

六项服务中与网络优化有关的服务能力有如下三项。

1）业务接入能力，即在用户请求时在一定的容量限制和其他给定条件内得到业务的能力，在移动通信中该项性能可看作呼损问题。

2）业务保持能力，即在一经接通后就能在给定的时间及条件下保持通信的能力，通常又称掉话问题。

3）业务完善能力，即在通信中保证通话质量、防止干扰的问题。

3. 网络优化的主要内容

按照前面所说到的服务能力要求，可将网络优化归结出以下几个主要内容。

1）力争做到网络的无缝隙覆盖，至少达到 90%，覆盖区无盲区，同时保证照射区内达到最低接收电平。

2）无线资源的合理配置，提高频率的复用系数，扩大网络的容量。

3）减少干扰，降低掉话率，提高切换成功率。

上述三项内容集中起来就是网络容量及网络覆盖两个方面的问题。这些都与基站天线参数的正确选择与调整密切相关。

4. 网络优化中天线的作用

为达到无缝隙覆盖，正确选择基站天线的参数十分重要，选用国内现有基站天线时，有如下几个一般原则。

根据天线高度、基站距离，可由式（6-3）计算出天线倾角：

$$\alpha = \arctan h/(r/2) \tag{6-3}$$

式中，α 为波束倾角；h 为天线高度；r 为站间距离。

（1）城区基站天线

1）对话务量高密集区，基站间距离为 300～500m，计算得出 α 在 10°～19°之间，采用内置电下倾 9°的 +45°双极化水平半功率瓣宽 65°定向天线。再加上机械可变 15°的倾角，可以保证方向图水平半功率宽度在主瓣下倾 10°～19°内无变化。经使用证明完全可满足对高密集市区覆盖的要求。

2）对话务量中密集区，基站间距离大于 500m，α 在 6°～16°之间，可选择 +45°双极化、内置电下倾 6°的水平半功率瓣宽 65°的定向天线，可以保证主瓣在下倾的 6°～16°内水平半功率宽度无变化，可满足对中密度话区覆盖的要求。

3）对话务量低密集区，基站间距离可能更大一些，α 在 3°～13°之间，可选择 +45°双极化、内置电下倾 3°的水平半功率瓣宽 65°的定向天线，可保证主瓣在下倾的 3°～13°内水平半功率宽度无变化，可满足对低密度话区覆盖的要求。

（2）县城及城镇地区基站天线

话务量不大，主要考虑覆盖大的要求，基站间距很大，可以选用单极化、空间分集、增益较高的 65°定向天线（三扇区，17dBi）或 90°定向天线（双扇区，17dBi），如图 6-17 所示。

（3）乡镇地区基站天线

话务量很小，主要考虑覆盖，基站大都为全向站，天线可选高增益全向天线 HTQ - 09 - 11。根据基站架设高度，可选择主波束下倾 3°、5°、7°的全向天线。

（4）在铁路或公路沿线及乡镇，可选择三种天线

1）双扇区型，两个区 180°划分，可选择单极化、3dBi 波瓣宽度为 90°、最大增益为 17～18dBi 的定向天线，两天线背向，最大辐射方向各向公路的一个方向。其合成方向图如图 6-18 所示。

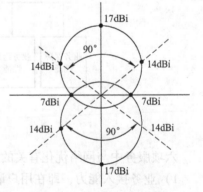

图 6-17　县城及城镇天线

2）公路双向天线。沿公路、铁路，若话务量很小，采用全向站的配置，天线可采用全向天线变形的双向天线（如 HTSX - 09 - 14），它的双向 3dBi 波瓣宽度为 70°，最大增益为 14dBi，其方向图如图 6-19 所示。

3）兼顾铁路、公路和乡镇的天线。对于既要覆盖铁路、公路，又要覆盖乡镇的小话务量地区，采用全向站的配置，天线采用 210°、13dBi 的弱定向天线 HTD0921013，兼顾铁路、公路和路边乡镇的需要，其方向图如图 6-20 所示。

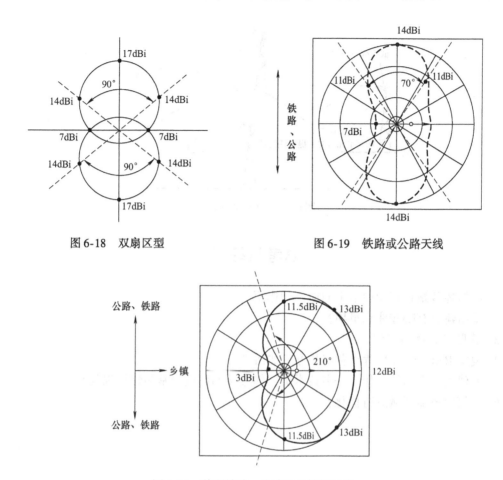

图 6-18　双扇区型　　　　　　　　　　图 6-19　铁路或公路天线

图 6-20　兼顾铁路、公路和乡镇的天线

（5）严格控制天线辐射的方向图

1）水平波束。若波束具有高的前后比，则整个频段内具有良好的副瓣抑制特性，改变天线下倾角水平波束能保持 10dBi 点的波束宽度严格不变的特性。

2）垂直波束。整个频段内具有良好的副瓣抑制特性、零点填充特性、频段的增益不变的特性。双极化天线应有足够的隔离度及空间极化鉴别率。

（6）调整基站天线

调整基站天线，实现提高基站的载干比。

（7）调整基站天线的俯仰角

调整基站天线的俯仰角，以改善覆盖区内话务量，使网络负载均衡，提高网络的营运效率。俯仰角覆盖区如图 6-21 所示。

以上所介绍的仅是优化过程中部分天线的有关问题。

由此可以看出，天线虽然在整个天线组网中仅占经费的 1% ~ 2%，但它在网络优化及维护工作中所占的工作量几乎是 50% ~ 60%。可以说如果没有好的天线，就不会有好的无线网络，更不会有高质量的无线移动通信服务。

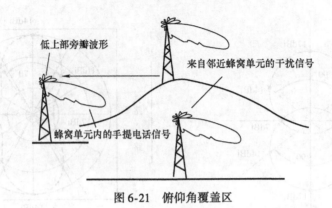

图 6-21　俯仰角覆盖区

思考与练习

1. 试描述基站在移动通信中的地位和作用。
2. 基站建设有哪些注意事项？
3. 说明 LTE 网络架构。
4. 说明 RRU 与 RRU 背靠背安装方式如何进行？
5. 要建设一个基站，作为一名技术员，你应该如何遵守基站建设规范？
6. 如何对覆盖区域进行优化？

第7章 通信网工程施工实用技术

7.1 网络工程布线施工技术要点

7.1.1 布线工程开工前的准备工作

网络工程经过调研、设计确定方案后，下一步就是工程的实施，而工程实施的第一步就是开工前的准备工作，要求做到以下几点：

1) 设计综合布线实际施工图，确定布线的走向、位置，供施工人员、督导人员和主管人员使用。

2) 备料。网络工程施工过程需要许多施工材料，这些材料有的必须在开工前就备好料，有的可以在开工过程中备料。主要有以下几种：

- 光缆、双绞线、插座、信息模块、服务器、稳压电源、集线器、交换机、路由器等，落实购货厂商，并确定提货日期。
- 不同规格的塑料槽板、PVC 防火管、蛇皮管、自攻螺钉等布线用料就位。
- 如果集线器是集中供电，则准备好导线、铁管和制订好电气设备安全措施（供电线路必须按民用建筑标准规范进行）。
- 制订施工进度表（要留有适当的余地，施工过程中意想不到的事情随时可能发生，并要求立即协调）。

3) 向工程单位提交开工报告。

7.1.2 施工过程中要注意的事项

1) 施工现场督导人员要认真负责，及时处理施工过程中出现的各种情况，协调处理各方意见。

2) 如果现场施工碰到了不可预见的问题，应及时向工程单位汇报，并提出解决办法供工程单位当场研究解决，以免影响工程进度。

3) 对工程单位计划不周的问题，要及时妥善解决。

4) 对工程单位新增加的点要及时在施工图中反映出来。

5) 对部分场地或工段要及时进行阶段检查验收，确保工程质量。

6) 制订工程进度表。

在制订工程进度表时，要留有余地，还要考虑其他工程施工时可能对本工程带来的影响，避免出现不能按时完工、交工的问题。因此，建议使用督导指派任务表、工作间施工表，督导人员对工程的监督管理可依据表 7-1、表 7-2 进行。

表 7-1   工作间施工表

楼号	楼层	房号	联系人	电话	备注	施工/测试日期

此表一式 4 份，领导、施工、测试、项目负责人各一份。

表 7-2   督导指派任务表

施工名称	质量与要求	施工人员	难度	验收人	完工日期	是否返工处理

7.1.3   测试

测试内容有：

1）工作间到设备间连通状况。

2）主干线连通状况。

3）信息传输速率、衰减率、距离、接线图、近端串扰等因素。

7.1.4   工程施工结束时的注意事项

工程施工结束时的注意事项如下：

1）清理现场，保持现场清洁、美观。

2）对墙洞、竖井等交接处要进行修补。

3）对各种剩余材料汇总，把剩余材料集中放置在一处，并登记其还可使用的数量。

4）做总结材料。

总结材料主要有：

1）开工报告。

2）布线工程图。

3）施工过程报告。

4）测试报告。

5）使用报告。

6）工程验收所需的验收报告。

7.1.5　安装工艺要求

1. 设备间

1）设备间的设计应符合下列规定：

- 设备间应处于干线综合体的最佳网络中间位置。
- 设备间应尽可能靠近建筑物电缆引入区和网络接口。电缆引入区和网络接口的相互间隔宜≤15m。
- 设备间的位置应便于接地装置的安装。
- 设备间室温应保持为 10～27℃，相对湿度应保持 60%～80%。

这里未分长期温度、湿度工作条件与短期温度、湿度工作条件。长期工作条件的温度、湿度是在地板上 2m 和设备前方 0.4m 处测量的数值；短期工作定为连续不超过 48h 和每年累计不超过 15 天，也可按生产厂家的标准来要求。短期工作条件可低于条文规定数值。

- 设备间应安装符合法规要求的消防系统，应使用防火防盗门，至少能耐火 1h。
- 设备间内所有设备应有足够的安装空间，其中包括：程控数字用户电话交换机、计算机主机、整个建筑物用的交接设备等。设备间内安装计算机主机，其安装工艺要求应按照计算机主机的安装工艺要求进行设计。设备间安装程控用户交换机，其安装工艺要求应按照程控用户电话交换机的安装工艺进行设计。

2）设备间的室内装修、空调设备系统和电气照明等安装应在装机前进行。设备间的装修应满足工艺要求，经济适用。容量较大的机房可以结合空调下送风、架间走缆和防静电等要求，设置活动地板。设备间的地面面层材料应能防静电。

3）设备间应防止有害气体（如 SO_2、NH_3、NO_2 等）侵入，并应有良好的防尘措施，允许尘埃含量限值可参见表 7-3 的规定。

表 7-3　允许尘埃含量限值表

灰尘颗粒最大直径 $\phi/\mu m$	0.5	1	3	5
灰尘颗粒最大浓度 $n/$（粒子数/m^3）	1.4×10^7	7×10^5	2.4×10^5	1.3×10^5

注：灰尘粒子应是不导电的，是非铁铜性和非腐蚀性的。

4）至少应为设备间提供离地板 2.55m 高度的空间，门的高度应大于 2.1m，门宽应大于 90cm，地板的等效分布载荷应大于 5kN/m^2。凡是安装综合布线硬件的地方，墙壁和顶棚应涂阻燃漆。

5）设备间的一般照明，最低照明度标准应为 1501x，规定照度的被照面，水平面照度指距地面 0.8m 处，垂直面照度指距地面 1.4m 处的规定。

2. 交接间

1）确定干线通道和交接间的数目，应从所服务的可用楼层空间来考虑。如果在给定楼层所要服务的信息插座都在 75m 范围以内，宜采用单干线接线系统。凡超出这一范围的，可采用双通道或多个通道的干线系统，也可采用经过分支电缆与干线交接间相连接的二级交接间。

2）干线交接间兼作设备间时，其面积不应小于 10m^2。干线交接间的面积为 1.8m^2 时（1.2m×1.5m），可容纳端接 200 个工作区所需的连接硬件和其他设备。如果端接的工作区超过 200 个，则在该楼层增加一个或多个二级交接间，任何一个交接间最多可以支持两个二级交接间。

3. 电缆

1）配线子系统电缆在地板下的安装方式，应根据环境条件选用地板下桥架布线法、蜂窝状地板布线法、高架（活动）地板布线法、地板下管道布线法等 4 种安装方式。

2）配线子系统电缆宜穿钢管或沿金属电缆桥架敷设，并应选择最短捷的路径，目的是为了达到防电磁干扰的要求。

3）干线子系统垂直通道有电缆孔、管道、电缆竖井 3 种方式可供选择：

- 电缆孔方式通常用一根或数根直径为 10cm 的金属管预埋在地板内，金属管高出地面 2.5～5cm，也可直接在地板上预留一个大小适当的长方形孔洞。
- 管道方式：包括明管或暗管敷设。
- 电缆竖井方式：在原有建筑物中开电缆井投资大，且不易防火。如果在安装过程中没有采取措施防止损坏楼板支撑件，则楼板的结构完整性将遭到破坏。

4）水平通道可选择管道方式或电缆桥架方式。

5）一根管道宜穿设一条综合布线电缆。管内穿放大对数电缆时，直线管路的管径利用率宜为 50%～60%，弯管路的管径利用率宜为 40%～50%。管内穿放 4 对对绞电缆时，截面利用率宜为 25%～30%。4 对对绞电缆不作为电缆处理，条文规定按截面利用率计算管道的尺寸。

6）允许综合布线电缆、电视电缆、火灾报警电缆、监控系统电缆合用金属电缆桥架，但与电视电缆宜用金属隔板分开，这是为了防电磁干扰。

7）建筑物内暗配线一般可采用塑料管或金属配线材料。

7.2　网络布线路由选择技术

两点间最短的距离是直线，但对于布线缆来说，它不一定就是最好、最佳的路由。在选择最容易布线的路由时，要考虑到便于施工、便于操作，即使花费更多的线缆也要这样做。对一个有经验的安装者来说，"宁可多使用额外的 1000m 线缆，也不使用额外的 100 工时"，因为通常线缆要比人工费用便宜。

如果要把 25 对线缆从一个配线间牵引到另一个配线间，采用直线路由，要经顶棚布线，路由中要多次分割、钻孔才能使线缆穿过并吊起来；而另一条路由是将线缆通过一个接线间的地板，然后再通过一层悬挂的顶棚，再通过另一个接线间的地板向上，如图 7-1 所示。具体采取什么方式由施工人员最后决定。

如果第一次所做的布线方案并不是很好，则可以选择另一种布线方案。但在某些场合，却没有更多的选择余地。例如，一个潜在的路径可能被其他的线缆塞满了，第二个路径要通过顶棚，也就是说，这两种路径都是不希望的。因此，考虑较好的方案是安装新的管道，但由于成本费用问题，用户又不同意，这时，只能采用布明线的方式，将线缆固定在墙上和地板上。总之，如何布线要根据建筑结构及用户的要求来决定。选择好的路径时，布线设计人员要考虑以下几点。

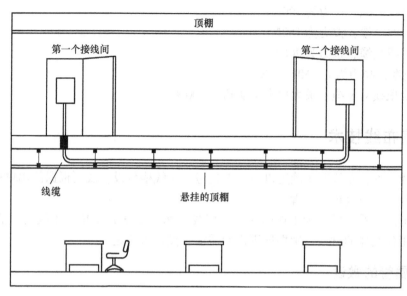

图 7-1　路由选择

1. 了解建筑物的结构

对布线施工人员来说，需要彻底了解建筑物的结构，由于绝大多数的线缆是走地板下或顶棚内，故对地板和吊顶内的情况了解得要很清楚。就是说，要准确地知道，什么地方能布线，什么地方不易布线，并向用户方说明。

现在绝大多数的建筑物设计是规范的，并为强电和弱电布线分别设计了通道，利用这种环境时，也必须了解走线的路径，并用粉笔在走线的地方做出标记。

2. 检查拉（牵引）线

在一个建筑物中安装任何类型的线缆之前，必须检查有无拉线。拉线是某种细绳，它沿着要布线缆的路由（管道）安放好，必须是路由的全长。绝大多数的管道安装者要给后继的安装者留下一条拉线，使布线容易进行，如果没有，则考虑穿一条拉线。

3. 确定现有线缆的位置

如果布线的环境是一座旧楼，则必须了解旧线缆是如何布放的，用的是什么管道（如果有的话），这些管道是如何走的。了解这些，有助于为新的线缆建立路由。在某些情况下能使用原来的路由。

4. 提供线缆支撑

根据安装情况和线缆的长度，要考虑使用托架或吊杆槽，并根据实际情况决定托架吊杆，使其加在结构上的重量不至于超重。

5. 拉线速度的考虑

关于拉线缆的速度，从理论上讲，线的直径越小，则拉线的速度越快。但是，有经验的安装者会采取慢速而又平稳的拉线，而不是快速的拉线，因为快速拉线会造成线的缠绕或被绊住。

6. 最大拉力

拉力过大，线缆变形，将引起线缆传输性能下降。线缆最大允许的拉力如下：

一根 4 对线电缆，拉力为 100N。

二根 4 对线电缆，拉力为 150N。

三根 4 对线电缆，拉力为 200N。

n 根线电缆，拉力为 $n \times 50N + 50N$。

不管多少根线对电缆，最大拉力不能超过 400N。

7.3　网络布线技术

综合布线工程在布线路由确定以后，首先考虑是线槽敷设，线槽根据使用材料可分为金属槽、金属管、塑料（PVC）管。

从线槽范围来看，可分为工作间线槽、配线（水平干线）线槽、干线（垂直干线）线槽。具体使用什么样的材料，则根据用户的需求、投资来确定。

7.3.1　金属管的敷设

1. 金属管的加工要求

综合布线工程使用的金属管应符合设计文件的规定，表面不应有穿孔、裂缝和明显的凹凸不平，内壁应光滑，不允许有锈蚀。在易受机械损伤的地方和在受力较大处直埋时，应采用足够强度的管材。

金属管的加工应符合下列要求：

1）为了防止在穿电缆时划伤电缆，管口应无毛刺和尖锐棱角。

2）为了减小直埋管在沉陷时管口处对电缆的剪切力，金属管口宜做成扬声器形。

3）金属管在弯制后，不应有裂缝和明显的凹瘪现象。弯曲程度过大，将减小金属管的有效管径，造成穿设电缆困难。

4）金属管的弯曲半径不应小于所穿入电缆的最小允许弯曲半径。

5）在镀锌管的锌层剥落处应涂防腐漆，可增加使用寿命。

2. 金属管切割套丝

在配管时，应根据实际需要的长度，对管子进行切割。管子的切割可使用钢锯、管子切割刀或电动切管机，严禁用气割。

管子和管子的连接，管子和接线盒、配线箱的连接，都需要在管子端部进行套丝。焊接钢管套丝，可用管子绞板（俗称代丝）或电动套丝机。硬塑料管套丝，可用圆丝板。

套丝时，先将管子放在管子台虎钳上固定压紧，然后再套丝。若利用电动套丝机，可提高工效。套完丝后，应随时清扫管口，将管口端面和内壁的毛刺用锉刀锉光，使管口保持光滑，以免割破线缆绝缘护套。

3. 金属管弯曲

在敷设金属管时应尽量减少弯头。每根金属管的弯头不应超过 3 个，直角弯头不应超过 2 个，并不应有 "S" 和 "Z" 弯出现。弯头过多，将造成穿电缆困难。对于较大截面的电缆不允许有弯头。当实际施工中不能满足要求时，可采用内径较大的管子或在适当部位设置拉线盒，以利线缆的穿设。

金属管的弯曲一般都用弯管器进行。先将管子需要弯曲部位的前段放在弯管器内，焊缝放在弯曲方向背面或侧面，以防管子弯扁，然后用脚踩住管子，手扳弯管器进行弯曲，并逐步移动弯管器，使可得到所需要的弯度，弯曲半径应符合下列要求。

1）明配时，一般不小于管外径的 6 倍；只有一个弯时，可不小于管外径的 4 倍；整排钢管在转弯处，宜弯成同心圆的弯儿。

2）暗配时，不应小于管外径的 6 倍，敷设于地下或混凝土楼板内时，不应小于管外径的 10 倍。

为了穿线方便，水平敷设的金属管路超过下列长度并弯曲过多时，中间应增设拉线盒或接线盒，否则应选择大一级的管径。

① 管子长度每超过 45m，无弯曲时；

② 管子长度每超过 30m，有 1 个弯时；

③ 管子长度每超过 20m，有 2 个弯时；

④ 管子长度每超过 12m，有 3 个弯时。

4. 金属管的接连应符合相关要求

金属管连接应牢固，密封应良好，两管口应对准。套接的短套管或带螺纹的管接头的长度不应小于金属管外径的 2.2 倍。金属管的连接采用短套接时，施工简单方便；采用管接头螺纹连接则较为美观，保证金属管连接后的强度。无论采用哪一种方式均应保证牢固、密封。

金属管进入信息插座的接线盒后，暗埋管可用焊接固定，管口进入盒的露出长度应小于 5mm。明设管应用锁紧螺母或管帽固定，露出锁紧螺母的丝扣为 2～4 扣。引至配线间的金属管管口位置，应便于与线缆连接。并列敷设的金属管管口应排列有序，便于识别。

5. 金属管敷设要求

1）金属管的暗设应符合下列要求：

● 预埋在墙体中间的金属管内径不宜超过 50mm，楼板中的管径宜为 15～25mm。直线布管 30m 处设置暗线盒。

● 敷设在混凝土、水泥里的金属管，其地基应坚实、平整，不应有沉陷，以保证敷设后的线缆安全运行。

● 金属管连接时，管孔应对准，接缝应严密，不得有水和泥浆渗入。管孔对准无错位，以免影响管路的有效管理，保证敷设线缆时顺利穿设。

● 金属管道应有不小于 0.1% 的排水坡度。

● 建筑群之间金属管的埋没深度不应小于 0.8m；在人行道下面敷设时，不应小于 0.5m。

● 金属管内应安置牵引线或拉线。

● 金属管的两端应有标记，表示建筑物、楼层、房间和长度。

2）金属管明敷时应符合下列要求：金属管应用管卡固定。这种固定方式较为美观，且在需要拆卸时方便拆卸。金属的支持点间距，有要求时应按照规定设计。无设计要求时不应超过 3m。在距接线盒 0.3m 处，用管卡将管子固定。在弯头的地方，弯头两边也应用管卡固定。

3）光缆与电缆同管敷设时，应在暗管内预置塑料子管。将光缆敷设在子管内，使光缆和电缆分开布放。子管的内径应为光缆外径的 2.5 倍。

7.3.2　金属线槽的敷设

金属桥架多由厚度为 0.4 ~ 1.5mm 的钢板制成。与传统桥架相比，具有结构轻、强度高、外形美观、无须焊接、不易变形、连接款式新颖、安装方便等特点。它是敷设线缆的理想配套装置。

金属桥架分为槽式和梯式两类。槽式桥架是指由整块钢板弯制成的槽形部件；梯式桥架是指由侧边与若干个横档组成的梯形部件。桥架附件用于直线段之间，是直线段与弯通之间连接所必需的，用于连接固定或补充直线段、弯通功能部件。支、吊架是指直接支承桥架的部件，它包括托臂、立柱、立柱底座、吊架以及其他固定用支架。

为了防止金属桥架腐蚀，其表面可采用电镀锌、烤漆、喷涂粉末、热浸镀锌、镀镍锌合金纯化处理或采用不锈钢板。人们可以根据工程环境、重要性和耐久性，选择适宜的防腐处理方式。一般腐蚀较轻的环境可采用镀锌冷轧钢板桥架；腐蚀较强的环境可采用镀镍锌合金纯化处理桥架，也可采用不锈钢桥架。综合布线中所用线缆的性能，对环境有一定的要求。为此，在工程中常选用有盖无孔型槽式桥架（简称金属线槽）。

（1）金属线槽安装要求

安装金属线槽应在土建工程基本结束以后，与其他管道（如风管、给水排水管）同步进行，也可比其他管道稍迟一段时间安装。但尽量避免在装饰工程结束以后进行安装，以免造成敷设线缆的困难。安装金属线槽应符合下列要求。

1）金属线槽安装位置应符合施工图规定，左右偏差视环境而定，最大不超过 50mm。

2）金属线槽水平度每米偏差不应超过 2mm。

3）垂直金属线槽应与地面保持垂直，并无倾斜现象，垂直度偏差不应超过 3mm。

4）金属线槽节与节间用接头连接板拼接，螺钉应拧紧。两线槽拼接处水平偏差不应超过 2mm。

5）当直线段桥架超过 30m 或跨越建筑物时，应有伸缩缝，其连接宜采用伸缩连接板。

6）线槽转弯半径不应小于其槽内的线缆最小允许弯曲半径的最大者。

7）盖板应紧固，并且要错位盖槽板。

8）支吊架应保持垂直、整齐牢固、无歪斜现象。

为了防止电磁干扰，宜用辫式铜带把线槽连接到其经过的设备间，或楼层配线间的接地装置上，并保持良好的电气连接。

（2）水平子系统线缆敷设支撑保护要求

1）预埋金属线槽（金属管）支撑保护要求。

● 在建筑物中预埋线槽（金属管）可为不同的尺寸，按一层或二层设备，应至少预埋两根以上，线槽截面高度不宜超过 25mm。

● 线槽直埋长度超过 15m 或在线槽路由交叉、转弯时宜设置拉线盒，以便布放线缆和维护。

● 接线盒盖应能开启，并与地面齐平，盒盖处应采取防水措施。

● 线槽宜采用金属引入分线盒内。

2）设置线槽支撑保护要求。

● 水平敷设时，支撑间距一般为 1.5 ~ 2m；垂直敷设时，固定在建筑物上的间距宜小于 2m。

- 金属线槽敷设时，在下列情况下设置支架或吊架：线槽接头处；间距 1.5~2m；离开线槽两端口 0.50m 处；转弯处。
- 塑料线槽底固定点间距一般为 1m。

3）在活动地板下敷设线缆时，活动地板内净空不应小于 150mm。如果活动地板内作为通风系统的风道使用时，地板内净高不应小于 300mm。

4）采用公用立柱作为吊顶支撑柱时，可在立柱中布放线缆。立柱支撑点宜避开沟槽和线槽位置，支撑应牢固。

5）在工作区的信息点位置和线缆敷设方式未定的情况下，或在工作区采用地毯下布放线缆时，在工作区宜设置交接箱，每个交接箱的服务面积约为 80cm²。

6）不同种类的线缆布放在金属线槽内，应同槽分开（用金属板隔开）布放。

7）采用格形楼板和沟槽相结合时，敷设线缆沟槽保护要求如下：
- 沟槽和格形线槽必须沟通。
- 沟槽盖板可开启，并与地面齐平，盖板和信息插座出口处应采取防水措施。
- 沟槽的宽度宜小于 600mm。

（3）干线子系统的线缆敷设支撑保护要求

1）线缆不得布放在电梯或管道竖井中。

2）干线通道间应沟通。

3）弱电间中线缆穿过每层楼板孔洞宜为方形或圆形。长方形孔尺寸不宜小于 300mm × 100mm，圆形孔洞处应至少安装三根圆形钢管，管径不宜小于 100mm。

4）建筑群干线子系统线缆敷设支撑保护应符合设计要求。

（4）槽（管）大小选择的计算方法

根据工程施工的体会，对槽（管）的选择可采用以下简易方式：

$$n = \frac{槽（管）截面积}{线缆截面积} \times 70\% \times (40\% \sim 50\%)$$

式中，n 为用户所要安装的多少条线（已知数）；槽（管）截面积为要选择的槽（管）截面积（未知数）；线缆截面积为选用的线缆面积（已知数）；70% 为布线标准规定允许的空间；40%~50% 为线缆之间浪费的空间。

上述算法是施工人员在施工过程中的经验总结，供读者参考。

（5）管道敷设线缆

在管道中敷设线缆时，有如下 3 种情况：

1）小孔至小孔。

2）在小孔间的直线敷设。

3）沿着拐弯处敷设。

可用人和机器来敷设线缆，到底采用哪种方法依赖于下述因素：

1）管道中有没有其他线缆。

2）管道中有多少拐弯。

3）线缆有多粗和多重。

由于上述因素，很难确切地说是用人力还是用机器来牵引线缆，只能依照具体情况来解决。

7.3.3　塑料槽的敷设

塑料槽的规格有多种，在其他章节中已做了叙述，这里就不再赘述。塑料槽的敷设从理论上讲类似金属槽，但操作上还有所不同。具体表现为如下 4 种方式：

1）在顶棚吊顶打吊杆或托式桥架。

2）在顶棚吊顶外采用托架桥架敷设。

3）在顶棚吊顶外采用托架加配定槽敷设。

4）在顶棚吊顶使用"J"形钩敷设。

使用"J"形钩敷设是在顶棚吊顶内水平布线最常用的方法。具体施工步骤如下：

1）确定布线路由。

2）沿着所设计的路由，打开顶棚，用双手推开每块镶板。多条线很重，为了减轻压在吊顶上的重量，可使用"J"形钩或其他支撑物，来支撑线缆。

3）从距离管理间最远的一端开始，拉到管理间。

采用托架时的一般方法如下：

1）在石膏板（空心砖）墙壁 1m 左右安装一个托架。

2）在砖混结构墙壁 1.5m 左右安装一个托架。

不用托架时，采用固定槽的方法把槽固定，根据槽的大小有以下建议：

1）25mm×20mm～25mm×30mm 规格的槽，一个固定点应有 2～3 个固定螺钉，呈梯形排列。

● 在石膏板（空心砖）墙壁固定点应每隔 0.5m 左右（槽底应刷乳胶）。

● 在砖混结构墙壁固定点应每隔 1m 左右。

2）25mm×30mm 以上的规格槽，一个固定点应有 3～4 固定螺钉，呈梯形状，使槽受力点分散分布。

● 在石膏板（空心砖）墙壁固定点应每隔 0.3m 左右（槽底应刷乳胶）。

● 在砖混结构墙壁固定点应每隔 1m 左右。

3）除了固定点外应每隔 1m 左右钻 2 个孔，用双绞线穿入，待布线结束后，把所布的双绞线捆扎起来。

4）水平干线、垂直干线布槽的方法是一样的，差别在于一个是横布槽，另一个是竖布槽。

5）在水平干线与工作区交接处，不易施工时，可采用金属软管（蛇皮管）或塑料软管连接。

6）在水平干线槽与竖井通道槽交接处要安放一个塑料的套状保护物，以防止不光滑的槽边缘擦破线缆的外皮。

7）在工作区槽、水平干线槽转弯处，保持美观，不宜用 PVC 槽配套的附件阳角、阴角、直转角、平三通、左三通、右三通、连接头、终端头等。

在墙壁上布线槽一般遵循下列步骤：

1）确定布线路由。

2）沿着路由方向放线（讲究直线美观）。

3）线槽要安装固定螺钉。

4）布线（布线时线槽容量为70%）。

在工作区槽、水平干线槽布槽施工结束时的注意事项如下：

1）清理现场，保持现场清洁、美观。

2）盖塑料槽盖，盖槽盖应错位盖。

3）对墙洞、竖井等交接处要进行修补。

4）对工作区槽、水平干线槽与墙有缝隙时要用腻子粉补平。

7.3.4　暗道布线

暗道布线是在浇筑混凝土时已把管道预埋好地板管道，管道内有牵引电缆线的钢丝或铁丝，安装人员只需索取管道图样来了解地板的布线管道系统，最终确定预埋管道路径状况，就可以做出施工方案了。

对于老的建筑物或没有预埋管道的新的建筑物，要向业主索取建筑物的图样，并到要布线的建筑物现场，查清建筑物内电、水、气管路的布局和走向，然后，详细绘制布线图样，确定布线施工方案。

对于没有预埋管道的新建筑物，施工可以与建筑物装修同步进行，这样既便于布线，又不影响建筑物的美观。

管道一般从配线间埋到信息插座安装孔。安装人员只要将4对线缆固定在信息插座的拉线端，从管道的另一端牵引拉线就可使线缆达到配线间。

7.3.5　线缆牵引技术

用一条拉线（通常是一条绳）或一条软钢丝绳将线缆牵引穿过墙壁管路、顶棚和地板管路。所用的方法取决于要完成作业的类型、线缆的质量、布线路由的难度（例如，在具有硬转弯的管道布线要比在直管道中布线难），还与管道中要穿过的线缆的数目有关，在已有线缆的拥挤的管道中穿线要比空管道难。

不管在哪种场合都应遵循一条规则：使拉线与线缆的连接点应尽量平滑，所以要用电工胶带紧紧地缠绕在连接点外面，以保证平滑和牢固。

1. 牵引4对线缆

标准的4对线缆很轻，通常不要求做更多的准备，只要将它们用电工胶带与拉绳捆扎在一起就行了。

如果牵引多条4对线穿过一条路由，可用下列方法：

1）将多条线缆聚集成一束，并使它们的末端对齐。

2）用电工胶带或胶布紧绕在线缆束外面，在末端外绕50～100mm长的距离就行了，如图7-2所示。

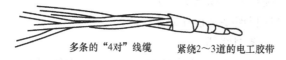

多条的"4对"线缆　　　紧绕2～3道的电工胶带

图7-2　牵引线缆——将多条4对线缆的末端缠绕在电工胶带上

3）将拉绳穿过电工胶带缠好的线缆，并打好结，如图7-3所示。

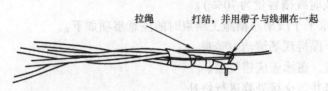

图 7-3　牵引线缆——固定拉绳

如果在拉线缆的过程中连接点散开了，则要收回线缆和拉绳重新制作更牢固的连接，为此，可以采取下列一些措施：

1）除去一些绝缘层以暴露出 50 ~ 100mm 的裸线，如图 7-4 所示。

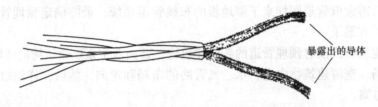

图 7-4　牵引线缆——留出裸线

2）将裸线分成两条。

3）将两条导线互相缠绕起来形成环，如图 7-5 所示。

4）将拉绳穿过此环，并打结，然后将电工胶带缠到连接点周围，要缠得结实和平滑。

2. 牵引单条 25 对线缆

对于牵引单条的 25 对线缆，可用下列方法：

1）将线缆向后弯曲以便建立一个环，直径为 150 ~ 300mm，并使线缆末端与线缆本身绞紧，如图 7-6 所示。

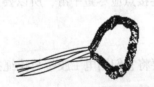

编织的多根绞合金属线

图 7-5　牵引线缆——编织导线以建立
一个环供连接拉绳用

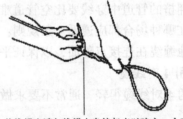

将线缆末端与线缆本身绞起来以建立一个环

图 7-6　牵引单条的线缆——建立直径
为 150 ~ 300mm 的环

2）用电工胶带紧紧地缠在绞好的线缆上，以加固此环，如图 7-7 所示。

3）把拉绳拉接到线缆环上，如图 7-8 所示。

4）用电工胶带紧紧地将连接点包扎起来。

3. 牵引多条 25 对或更多对线缆

这可用一种称为芯的连接，这种连接是非常牢固的，它能用于几百对的线缆，可通过执行下列步骤完成：

1）剥除约 30cm 的缆护套，包括导线上的绝缘层。

2）使用斜口钳将线切去，留下约 12 根。

3）将导线分成两个绞线组，如图 7-9 所示。

4）将两组绞线交叉地穿过拉绳的环，在线缆的另一边建立一个闭环，如图 7-10 所示。

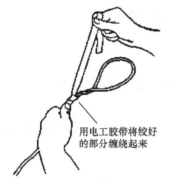

图 7-7　牵引单条线缆——用电工胶带加固

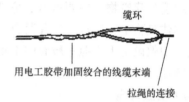

图 7-8　牵引单条线缆——将拉绳连接到缆环上去

图 7-9　用一个芯套/钩牵引线缆——将线缆导线
分成两个均匀的绞线组

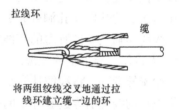

图 7-10　用一个芯套/钩牵引线缆——
通过拉线环馈送绞线组

5）将缆一端的线缠绕在一起以使环封闭，如图 7-11 所示。

6）用电工胶带紧紧地缠绕在线缆周围，覆盖长度是环直径的 3～4 倍，然后继续再绕上一段，如图 7-12 所示。

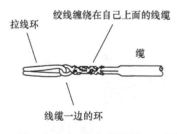

图 7-11　用一个芯套/钩牵引线缆——用将绞线
缠绕在自己上面的方法来关闭缆环

图 7-12　用一个芯套/钩牵引线缆——用电工胶带
紧密缠绕建立的芯套/钩

在某些重缆上装有一个牵引眼：在线缆上制作一个环，以使拉绳固定在它上面。对于没有牵引眼的主缆，可以使用一个芯/钩或一个分离的缆夹，如图 7-13 所示。将夹子分开将它缠到线缆上，在分离部分的每一半上有一个牵引眼。当吊缆已经缠在线缆上时，可同时牵引两个眼，使夹子紧紧地夹持在线缆上。

图 7-13　牵引线缆——用于将牵引线缆分离的吊缆"夹"

7.3.6　建筑物主干线缆连接技术

主干线缆是建筑物的主要线缆，它为设备间到每层楼上的管理间之间传输信号提供通路。在新的建筑物中，通常有竖井通道。

在竖井中敷设主干线缆一般有向下垂放线缆和向上牵引线缆两种方式。相比较而言，向下垂放线缆比向上牵引线缆容易。

1. 向下垂放线缆

向下垂放线缆的一般步骤如下：

1）首先把线缆卷轴放到最顶层。

2）在离房子的开口（孔洞处）3～4m 处安装线缆卷轴，并从卷轴顶部馈线。

3）在线缆卷轴处安排所需的布线施工人员（数目视卷轴尺寸及线缆质量而定），每层要有一个工人以便引导下垂的线缆。

4）开始旋转卷轴，将线缆从卷轴上拉出。

5）将拉出的线缆引导进竖井中的孔洞，在此之前先在孔洞中安放一个塑料的靴状保护物，以防止孔洞不光滑的边缘擦破线缆的外皮，如图 7-14 所示。

6）慢慢地从卷轴上放缆并进入孔洞向下垂放，请不要快速地放缆。

7）继续放线，直到下一层布线工人能将线缆引到下一个孔洞。

8）按前面的步骤，继续慢慢地放线，并将线缆引入各层的孔洞。

如果要经由一个大孔敷设垂直主干线缆，就无法使用塑料保护套了，这时最好使用一个滑车轮，通过它来下垂布线，为此需要进行如下操作：

1）在孔的中心处装上一个滑车轮，如图 7-15 所示。

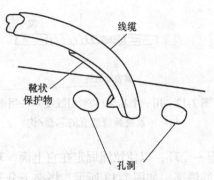

图 7-14　保护线缆的塑料靴状物

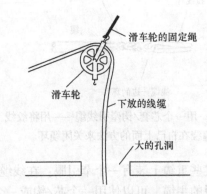

图 7-15　用滑车轮向下布放线缆通过大孔

2）将线缆拉出绕在滑车轮上。

3）按前面所介绍的方法牵引线缆穿过每层的孔，当线缆到达目的地时，把每层上的线缆绕成卷放在架子上固定起来，等待以后的端接。

在布线时，若线缆要越过弯曲半径小于允许的值（双绞线弯曲半径为 8～10 倍干线缆的直径，光缆为 20～30 倍干线缆的直径），可以将线缆放在滑车轮上，解决线缆的弯曲问题，方法如图 7-16 所示。

2. 向上牵引线缆

向上牵引线缆可用电动牵引绞车，如图 7-17 所示。

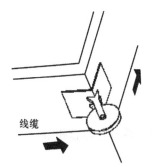

线缆

图 7-16　用滑车轮解决线缆的弯曲半径问题

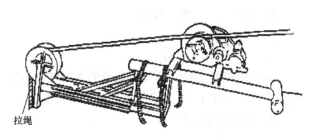

拉绳

图 7-17　典型的电动牵引绞车

向上牵引线缆的一般步骤如下：

1）按照线缆的质量，选定绞车型号，并按绞车制造厂家的说明书进行操作，先往绞车中穿一条绳子。

2）启动绞车，并往下垂放一条拉绳（确认此拉绳的强度能保护牵引线缆），拉绳向下垂放直到安放线缆的底层。

3）如果缆上有一个拉眼，则将绳子连接到此拉眼上。

4）启动绞车，慢慢地将线缆通过各层的孔向上牵引。

5）缆的末端到达顶层时，停止绞车。

6）在地板孔边沿上用夹具将线缆固定。

7）当所有连接制作好之后，从绞车上释放线缆的末端。

7.3.7　建筑群线缆连接技术

在建筑群中敷设线缆，一般采用三种方法，即直埋线缆布线、地下管道敷设和架空敷设。

1. 管道内敷设线缆

在管道中敷设线缆时，有四种情况：

1）小孔到小孔。

2）在小孔间的直线敷设。

3）沿着拐弯处敷设。

4）线缆用 PVC 阻燃管。

可用人和机器来敷设线缆，到底采用哪种方法取决于下述因素：

1）管道中有没有其他线缆。

2）管道中有多少拐弯。

3）线缆有多粗和多重。

由于上述因素，很难确切地说是用人力还是用机器来牵引线缆，只能依照具体情况来定。

2. 架空敷设线缆

架空线缆敷设时，一般步骤如下：

1）电杆以 30～50m 的间隔距离为宜。

2）根据线缆的质量选择钢丝绳，一般选 8 芯钢丝绳。

3）先接好钢丝绳。

4）每隔 0.5m 架一挂钩。

5）架设线缆。

6）净空高度≥4.5m。

架空敷设时，线缆与共杆架设的电力线（1kV 以下）的间距不应小于 1.5m，与广播线的间距不应小于 1m，与通信线的间距不应小于 0.6m，并在线缆端做好标志和编号。

3. 直埋线缆布线

1）挖开路面。

2）拐弯处设人井。

3）埋钢管。

4）穿线缆。

7.3.8 建筑物内水平布线技术

建筑物内水平布线时，可选用顶棚、暗道、墙壁线槽等形式，在决定采用哪种方法之前，最好先到施工现场进行比较，从中选择一种最佳的施工方案。

1. 暗道布线

暗道布线与本章中 7.3.4 节的方法一样，在此不再介绍。

2. 顶棚吊顶内布线

水平布线最常用的方法是在顶棚吊顶内布线。具体施工步骤如下：

1）确定布线路由。

2）沿着所设计的路由，打开顶棚，用双手推开每块镶板，如图 7-18 所示。多条 4 对线很重，为了减轻压在吊顶上的压力，可使用"J"形钩或其他支撑物来支撑线缆。

3）假设要布放 24 条 4 对的线缆，到每个信息插座安装孔有 2 条线缆。可将线缆箱放在一起并使线缆接管嘴向上，24 个线缆箱按图 7-19 所示的那样分组安装，每组有 6 个线缆箱，共有 4 组。

4）加标注，在箱上写标注，在线缆的末端注上标号。

5）从离管理间最远的一端开始，拉到管理间。

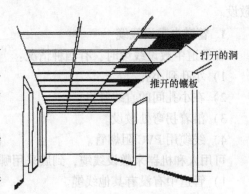

打开的洞

推开的镶板

图 7-18　移动镶板的悬挂式顶棚

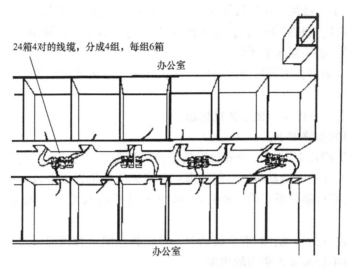

24箱4对的线缆，分成4组，每组6箱

办公室

办公室

图 7-19　共布 24 条 24 对线缆且每一信息点布放一条 4 对的线

3. 墙壁线槽布线

在墙壁上布线槽一般遵循下列步骤：

1）确定布线路由。

2）沿着路由方向放线（讲究直线美观）。

3）线槽每隔 1m 要安装固定螺钉。

4）布线（布线时线槽容量为 70%）。

5）盖塑料槽盖，盖槽盖应错位盖。

7.3.9　建筑物中光缆布线技术

在新建的建筑物中，通常有一竖井，沿着竖井方向通过各楼层敷设光缆，需要提供防火措施。在许多老式建筑中，可能有大槽孔的竖井。通常在这些竖井内装有管道，以供敷设气、水、电、空调等线缆。若利用这样的竖井来敷设光缆时，光缆必须加以保护。也可将光缆固定在墙角上。

在竖井中敷设光缆有向下垂放光缆和向上牵引光缆两种方法。通常向下垂放比向上牵引容易些。但如果将光缆卷轴机搬到高层上去很困难，则只能由下向上牵引。布线时应注意以下事项：

1）敷设光缆前，应检查光纤有无断点、压痕等损伤。

2）根据施工图样选配光缆长度，配盘时应使接头避开河沟、交通要道和其他障碍物。

3）光缆的弯曲半径不应小于光缆外径的 20 倍，光缆可用牵引机牵引，端头应做好技术处理，牵引力应加于加强芯上，牵引力大小不应超过 150kg，牵引速度宜为 10m/min，一次牵引长度不宜超过 1km。

4）光缆接头的预留长度不应小于 8m。

5）在光缆敷设一段后，应检查光缆有无损伤，并对光缆敷设损伤进行抽测，确认无损伤时，再进行接续。

6）光缆接续应由受过专门训练的人员操作，接续时应用光功率计或其他仪器进行监视，使接续损耗最小。接续后应做接续保护，并安装好光缆接头护套。

7）光缆端头应用塑料胶带包扎，盘成圈置于光缆预留盒中，预留盒应固定在电杆上。地下光缆引上电杆，必须穿入金属管。

8）光缆敷设完毕时，需测量通道的总损耗，并用光时域反射计观察光纤通道全程波导衰减特性曲线。

9）光缆的接续点和终端应做永久性标志。

向下垂放光缆的步骤如下：

1）在离建筑层槽孔 1 ~ 1.5m 处安放光缆卷轴（光缆通常是绕在线缆卷轴上，而不是放在纸板箱中），以使在卷筒转动时能控制光缆；要将光缆卷轴置于平台上，以便保持在所有时间内光缆卷轴与平台都是垂直的，放置卷轴时要使光缆的末端在其顶部，然后从卷轴顶部牵引光缆。

2）使光缆卷轴开始转动，只有它转动时，才能将光缆从其顶部牵出。牵引光缆时要保证不超过最小弯曲半径和最大张力的规定。

3）引导光缆进入槽孔中去，如果是一个小孔，则首先要安装一个塑料导向板，以防止光缆与混凝土边侧产生摩擦导致光缆的损坏。

如果通过大的开孔下放光缆，则在孔的中心上安装一个滑车轮，然后把光缆拉出缠绕到滑车轮上去。

4）慢慢地从光缆卷轴上牵引光缆，直到下面一层楼上的人能将光缆引入到下一个槽孔中去为止。

5）每隔 2m 左右打一个线夹。

7.4 双绞线布线技术

7.4.1 双绞线布线方法

目前有以下三种双绞线布线方法：

- 从管理局向工作区布线（一层中信息点较少的情况）。
- 从中间向两端布线（中间有隔断的情况）。
- 从工作区向管理间布线（信息点多的情况）。

双绞线布线时要做标记。做标记的方法有四种：

- 用打号机打号。
- 用塑料的字号套号。
- 用标签号。
- 用油墨笔记号。

建议用油墨笔记号。

双绞线布线时要注意以下几点：

- 要对线缆端记号。
- 要注意节约用线。
- 布线的线缆不能有扭结，要平放。

7.4.2　双绞线布线线缆间的最小净距要求

1. 双绞线布线线缆与电力线缆的最小净距

双绞线布线线缆与电力线缆应分隔布放，并应符合表7-4 的要求。

表 7-4　双绞线线缆与电力线缆最小净距

干扰源类别	电力电缆（干扰源）与线缆（双绞线电缆）接近的情况	间距/mm
小于 2kV·A 的 380V 电力线缆	与双绞线电缆平行敷设	130
	其中一方安装在已接地的金属线槽或管道中	70
	双方均安装在已接地的金属线槽或管道中	10
2~5kV·A 的 380V 电力线缆	与双绞线电缆平行敷设	300
	其中一方安装在已接地的金属线槽或管道中	150
	双方均安装在已接地的金属线槽或管道中	80
大于 5kV·A 的 380V 电力线缆	与双绞线电缆平行敷设	600
	其中一方安装在已接地的金属线槽或管道中	300
	双方均安装在已接地的金属线槽或管道中	150
荧光灯等带电感设备	接近双绞线电缆	150~300
配电箱	接近配电箱	1000
电梯、变压器	远离布设	2000

2. 双绞线布线与配电箱、变电室、电梯机房、空调机房之间最小净距

双绞线布线与配电箱、变电室、电梯机房、空调机房之间最小净距应符合表 7-5 的要求。

表 7-5　双绞线布线与配电箱、变电室、电梯机房、空调机房之间最小净距

名　　称	最小净距/m	名　　称	最小净距/m
配电箱	1	电梯机房	2
变电室	2	空调机房	2

3. 建筑物内电、光缆暗管敷设与其他管线最小净距

建筑物布线常用以下六种线缆：

- 4 对双绞线电缆（UTP 或 STP）。
- 2 对双绞线电缆。
- 100Ω 大对数对绞电缆（UTF 或 STP）。
- 62.5μm/125μm 多模光缆。
- 9μm/125μm、l0μm/125μm 单模光缆。
- 75Ω 有线电视同轴电缆。

建筑物内电、光缆暗管敷设与其他管线最小净距应符合表 7-6 的要求。

表 7-6　电、光缆暗管敷设与其他管线最小净距

管 线 种 类	平行净距/mm	垂直交叉净距/mm
避雷引下线	1000	300
保护地线	50	20
热力管（不包封）	500	500
热力管（包封）	300	300
给水管	150	20
煤气管	300	20
市话管道边线	75	25
压缩空气管	150	20

7.5　布线压接技术

网络布线压接技术通过图 7-20 所示的七种安装方式来讨论。

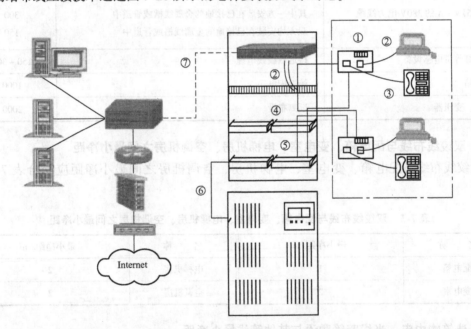

图 7-20　布线压接技术的七种安装方式

注：①为用户信息插座的安装，②为用户信息跳线制作，③为用户电话跳线，④为用户信息的双绞线在配线架压线，⑤为 S110 配线架电话压线，⑥为 S110 配线架电话跳线，⑦为用户信息的垂直干线子系统连接交换机的跳线。

7.5.1　压线工具

在布线压接的过程中，必须要用到一些辅助工具，压线工具如图 7-21 所示。

1）压线钳。目前市面上有好几种类型的压线钳，而其实际的功能以及操作都是大同小异。压线钳不仅用于压线，还具备其他一些功能：

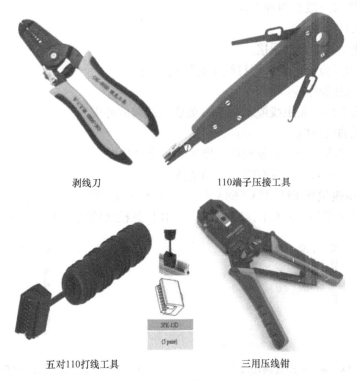

剥线刀　　　　　110端子压接工具

五对110打线工具　　　　　三用压线钳

图 7-21　压线工具

- 用于 RJ - 45 和 RJ - 11 的压线。
- 剥线口，用于剥线。
- 刀片，用于切断线材。

2）110 端子压接工具，为配线架和信息模块的压线钳工具。

3）五对 110 打线工具，用于压大对数双绞线。

7.5.2　用户信息插座的安装

图 7-20 中的①是用户信息插座的安装。安装信息插座要做到一样高、平、牢固。信息插座中有信息模块。信息模块如图 7-22 所示。

图 7-22　信息模块

信息模块压接时一般有两种方式：

1）用打线工具压接。

2）不用打线工具，直接压接。

根据工程中的经验，一般采用打线工具压接模块。

模块压接的具体操作步骤如下：

1）使用剥线工具，在距线缆末端5cm处剥除线缆的外皮。

2）剪除线缆的抗拉线。

3）按色标顺序将4个线对分别插入模块的各个槽位内。

4）使用打线工具对各线对打线，与插槽连接。

信息模块的压接包括 EIA/TIA 568A 和 EIA/TIA 568B 两种方式。EIA/TIA 568A 信息模块的物理线路分布如图 7-23 所示，EIA/TIA 568B 信息模块的物理线路分布如图 7-24 所示。

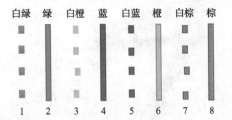

图 7-23 EIA/TIA 568A 物理线路接线方式

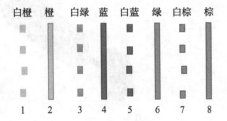

图 7-24 EIA/TIA 568B 物理线路接线方式

无论是采用 568A 还是采用 568B，均在一个模块中实现，但它们的线对分布不一样，目的是减少产生的串扰对。在一个系统中只能选择其中一种方式，即要么是 568A，要么是 568B，两者不可混用。

568A 第 2 对线（568B 第 3 对线）把 3 和 6 颠倒，可改变导线中信号流通的方向排列，使相邻的线路变成同方向的信号，从而减少了串扰对，如图 7-25 所示。

目前，信息模块的国外供应商有 IBM、西蒙等公司，国内的上海天诚、南京普天等公司的产品结构都类似，只是排列位置有所不同。有的面板注有双绞线颜色标号，与双绞线压接时，注意颜色标号配对就能够正确地压接。

对信息模块压接时应注意的要点如下：

1）双绞线是成对相互拧在一起的，按一定距离拧起的导线可提高抗干扰的能力，减小信号的串扰；压接时一对一对拧开双绞线，分别放入与信息模块相对的端口上。

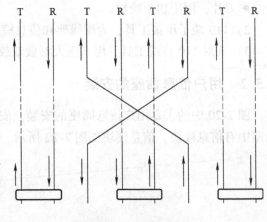

□ ：表示产生串扰

图 7-25 568 接线排列串扰对

2）在双绞线压接处不能拧、撕开，并防止有断线的伤痕。

3）使用压线工具压接时，要压实，不能有松动的地方。

4）双绞线开绞不能超过要求。

在现场施工过程中，有时会遇到 5 类线或 3 类线与 8 针或 6 针的信息模块压接的情况。

例如，要求将 5 类线（或 3 类线）一端压在 8 针的信息模块（或配线面板）上，另一端压在 6 针的语音模块上，如图 7-26 所示。

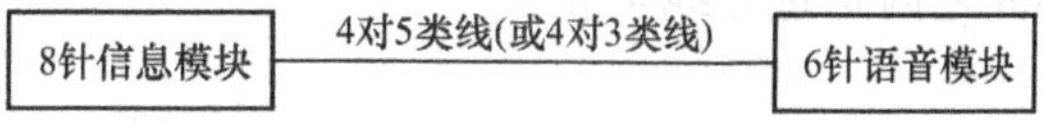

图 7-26　8 针信息模块连接 6 针语音模块

对于这种情况，无论是 8 针信息模块还是 6 针语音模块，它们在交接处都是 8 针，只在输出时有所不同。所以按 5 类线 8 针压接方法压接，6 针语音模块将自动放弃不用的一对棕色线。

模块端接完成后，接下来就要安装到信息插座内，以便于工作区内终端设备的使用。各厂家信息插座的安装方法具有相似性，具体可以参考厂家的说明资料。

7.5.3　用户信息跳线制作

图 7-20 中的②是用户信息跳线。RJ - 45 水晶头及接口如图 7-27 所示。RJ - 45 跳线如图 7-28 所示。

图 7-27　RJ - 45 水晶头及接口

图 7-28　RJ - 45 跳线

1. 双绞线与 RJ - 45 头的连接技术

RJ - 45 的连接也分为 568A 与 568B 两种方式，采用 568A（或 568B）必须与信息模块采用的方式相同。

对于 RJ - 45 插头与双绞线的连接，需要了解以下事宜，下面以 568A 为例对其进行简述。

1）首先将双绞线电缆套管自端头剥去大于 20mm，露出 4 对线，如图 7-29 所示。

2）定位电缆线，使它们的顺序为 1&2、3&6、4&5、7&8，如图 7-30 所示。为防止插头弯曲时对套管内的线对造成损伤，导线应并排排列至套管内至少 8mm 形成一个平整部分，平整部分之后的交叉部分呈椭圆形。

3）为绝缘导线解扭，使其按正确的顺序平行排列，导线 6 跨过导线 4 和 5，在套管里不应有未扭绞的导线。

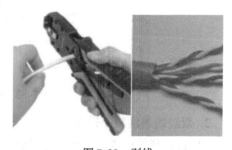

图 7-29　剥线

4）导线经修整后（导线端面应平整，避免毛刺影响性能）距套管的长度为 14mm，从线头（见图7-31）开始，至少 10mm ± 1mm 之内导线之间不应有交叉，导线 6 应在距套管 4mm 之内跨过导线 4 和 5。

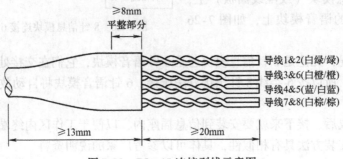

图 7-30　RJ-45 连接剥线示意图

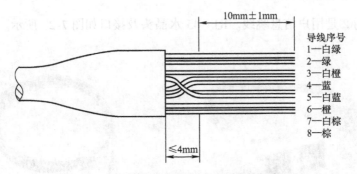

图 7-31　双绞线排列方式和必要的长度

5）将导线插入 RJ-45 头，导线在 RJ-45 头部能够见到铜芯，套管内的平坦部分应从插塞后端延伸直至初张力消除（见图7-32），套管伸出插塞后端至少 6mm。

6）用压线工具压实 RJ-45 跳线。

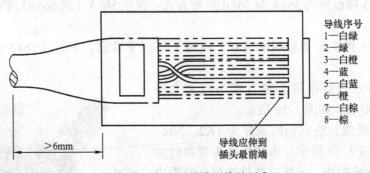

图 7-32　RJ-45 跳线压线的要求

2. 双绞线跳线制作过程

1）首先利用压线钳的剪线刀口剪裁出计划需要用到的双绞线长度，如图7-33a 所示。

2）把双绞线的保护层剥掉，可以使用压线钳的剪线刀口将线头剪齐，再将线头放入剥线专用的刀口，稍微用力握紧压线钳慢慢旋转，让刀口划开双绞线的保护胶皮。需要注意的是，压线钳档位离剥线刀口长度通常恰好为水晶头长度，这样可以有效避免剥线过长或过短。若剥线过长，双绞线的保护层不能被水晶头卡住，容易松动；若剥线过短，则因有保护层塑料的存在，不能完全插到水晶头底部，造成水晶头插针不能与网线芯线完好接触，会影响到线路的质量，如图 7-33b 所示。

3）为绝缘导线解扭，将 4 个线对的 8 条细导线逐一解开、理顺、扯直，使其按正确的顺序平行排列，导线 6 跨过导线 4 和 5，在套管里不应有未扭绞的导线，如图 7-33c 所示。

4）修整导线。

5）将裸露出的双绞线用剪刀或斜口钳剪短，只剩约 11mm 的长度即可。

6）将双绞线放入 RJ-45 接头的引脚内，如图 7-33d 所示，从水晶头的顶部检查，看看是否每一组线缆都紧紧地顶在水晶头的末端。

7）用压线钳压实，用力握紧压线钳，可以用双手一起压，这样使得水晶头凸出在外面的针脚全部压入水晶头内，受力之后听到轻微的"啪"的一声即可，如图 7-33e 所示。

8）重复步骤 1）~7），再制作双绞线跳线另一端的 RJ-45 插头。

9）最后进行测试，如图 7-33f 所示。

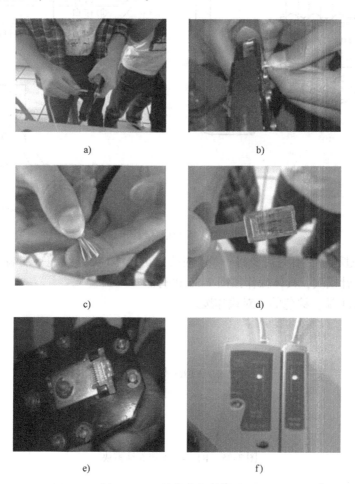

a)　　　　　　　　　　　b)

c)　　　　　　　　　　　d)

e)　　　　　　　　　　　f)

图 7-33　双绞线跳线制作过程

3. 双绞线与 RJ-45 头连接的要求

不管是哪家公司生产的 RJ-45 头，它们的排列顺序都是 1、2、3、4、5、6、7、8，端接时可能是 568A 或 568B。

将双绞线与 RJ-45 连接时应注意的要求如下：

1) 按双绞线色标顺序排列，不要有差错。

2) 与 RJ-45 接头点压实。

3) 用压力钳压实。

RJ-45 与信息模块的关系如图 7-34 所示。

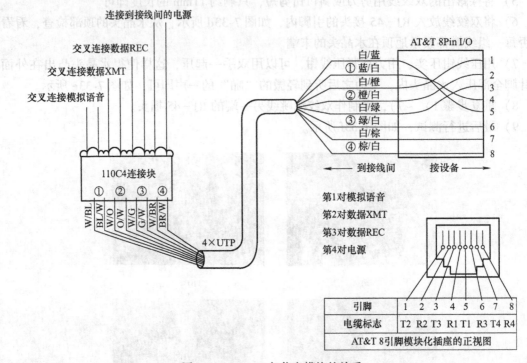

图 7-34　RJ-45 与信息模块的关系

在现场施工过程中，有时需要将一条 4 对线的 5 类（3 类）线缆一端端接 RJ-45，另一端端接 RJ-11 6 针模块，具体操作按图 7-35 进行。

注意：在 RJ11 端，棕色的一对线作废。

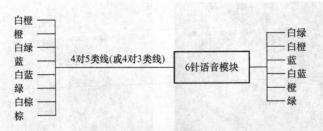

图 7-35　RJ-45 连接 6 针模块

遇到 5 类线或 3 类线，与信息模块压接时会出现 8 针或 6 针模块。

其他跳线介绍如下：

(1) 用户电话跳线

图 7-20 中的③是用户电话跳线。

（2）配线架压线

图 7-20 中的④是用户信息的双绞线在配线架上压线。在配线架压线如图 7-36 所示。

（3）S110 配线架电话压线

图 7-20 中的⑤是用户信息的双绞线在 S110 配线架上压线。压线配线架如图 7-37 所示。

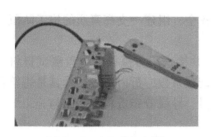

图 7-36 在配线架压线

图 7-37 S110 压线配线架

（4）S110 配线架电话跳线

图 7-20 中的⑥是用户信息的双绞线在 S110 配线架上的电话跳线。

（5）垂直干线子系统连接交换机跳线

图 7-20 中的⑦是用户信息的垂直干线子系统连接交换机的跳线。垂直干线子系统连接跳线如图 7-38 所示。

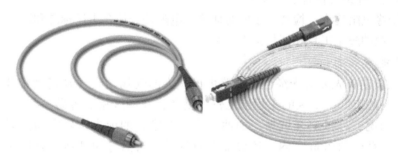

图 7-38 垂直干线子系统连接跳线

7.6 长距离光缆布线技术

本节介绍长距离光缆布线技术。长距离光缆布线主要用于高速公路、通信系统、电力系统、铁路系统、城域光传送网。光缆的敷设方式主要有管道敷设、直埋敷设、架空敷设。

7.6.1 长距离光缆施工的准备工作

长距离光缆线路施工工序复杂，工序之间必须衔接恰当，具体包括制订光缆线路施工进行的作业程序，计划实施工程的日期，确定具体路由位置、距离、保护地段等，这对按期完成工程的施工任务起到了保证作用。

长距离光缆施工大致分为以下几个步骤：

● 准备工作。

- 路由工程。
- 光缆敷设。
- 光缆接续。
- 工程验收。

1. 准备工作

检查设计资料、原材料、施工工具和器材等是否齐全，组建一支高素质的施工队伍，正确分配施工人员岗位，责任到人。

1）检查资料。应首先检查光缆出厂质量合格证，并检查厂方提供的单盘测试资料是否齐全，其内容包括光缆的型号、芯数、长度、端别、衰减系数、折射率等，看其是否符合订货合同的规定要求。其次检查线路资料，包括杆塔资料、导线分布资料、线路与施工地理环境资料等。

2）外观检查。主要检查光缆盘包装在运输过程中是否损坏，光缆的外皮有无损伤，缆皮上打印的字迹是否清晰、耐磨，光缆端头封装是否完好。

3）技术指标测试。用活动连接器把被测光纤与测试尾纤相连，然后用 OTDR 测试光纤的长度、平均损耗，看其是否符合订货合同的规定要求。整条光缆里只要有一根光纤出现断纤、衰减超标，就应视为不合格产品。

4）电气特性检查。对光缆的物理特性、机械特性和光学特性进行较全面的检验，检查光缆的电气特性指标是否符合国家标准。

5）对地绝缘电阻检查。检查光缆的对地绝缘电阻是否符合出厂标准和国家标准。

6）检查光缆的施工工具和器材是否齐全。

2. 路由工程

1）光缆敷设前首先要对光缆经过的路由做认真的现场勘察（现场勘察分为市区、郊区和开阔区。一般市区、郊区的工程施工较为复杂，开阔区相对容易一些），了解当地道路建设和规划情况，尽量避开坑塘、加油站等存在隐患的地方。确定路由后，对其长度做实际测量，要精确到 20m 之内，还要加上布放时的自然弯曲和各种预留长度，各种预留还包括插入孔内弯曲、杆上预留、接头两端预留、水平面弧度增加等其他特殊预留。为了使光缆在发生断裂时再接续，应在每 100m 处留有一定的富余量，富余量长度一般为总长度的 1% ~2%。

2）画路径施工图。在电杆或地下管道上编号，画出路径施工图，并说明每根电杆或地下管道出口电杆的号码以及管道长度，并定出需要留出富余量的长度和位置，合理配置，使熔接点尽量减少。

3）两根光纤接头处最好安设在地势平坦、地质稳固的地点，避开水塘、河沟、沟渠及道路，最好设在电杆或管道出口处，架空光缆接头应落在电杆旁 0.5 ~1m。在施工图上还应说明熔接点位置，当光缆发生断点时，便于迅速用仪器找到断点进行维修。

4）光缆配盘是光缆施工前的重要工作。若光缆配盘合理，则既可节约光缆，提高光缆敷设效率，又可减少光缆接头数量，便于维护。特别是长途管道线路，光缆的合理配盘可以减少浪费，否则，要么光缆富余量太大，要么光缆长度不够。光缆配盘依据是人孔之间硅芯管的长度，而不是人孔间距，二者有时相差较小，有时相差较大。光缆配盘在地势起伏、环绕较大区域时容易出错。光缆在出厂时，考虑到生产工艺以及测试的需要，一般光缆出厂长度会超出订货长度 3～10m，但这一富余量会随生产厂商的不同而有变化，并非为一个准确数据，因此，在做光缆配盘时不应考虑。

5）长距离光缆线路扩容的速度快、灵活性高，应考虑到管道资源有限，对光缆芯数的预测可相对保守些。

6）按设计要求核定光缆路由走向，选择敷设方式。

7）核定中继段至另一终端的距离，提供必要的数据资料。

8）核定各路障、河道等障碍物的技术数据，并制订出具体实施的措施。

7.6.2　长距离光缆布线架空敷设的施工技术

1. 光缆架空的要求

架空光缆主要有钢绞线支承式和自承式两种。自承式不用钢绞吊线，造价高，光缆下垂，承受风力负荷较差。因此，我国基本都是采用钢绞线支承式这种结构，通过杆路吊线托挂或捆绑架设。

光缆架空的要求主要有如下内容：

1）架空线路的杆间距离，市区为 30～40m，郊区为 40～50m，其他地段最大不超过60～70m。

2）架空光缆的吊线应采用规格为 7/2.2mm（7 根直径为 2.2mm）的镀锌钢绞线，对于铠式光缆，挂设时可采用 7/2.0mm（7 根直径为 2.0mm）或 7/1.8mm（7 根直径为 1.8mm）的钢绞线。

3）架空光缆的垂度要考虑架设过程中和架设后受到最大负载时产生的伸长率。

4）架空光缆可适当地在杆上做伸缩预留。

5）光缆挂钩的卡挂间距要求为 50cm，光缆卡挂应均匀。

6）光缆转弯时弯曲半径应大于或等于光缆外径的 10～15 倍，施工布放时弯曲半径应大于或等于光缆外径的 20 倍。

7）吊线与光缆要接地良好，要有防雷、防电措施，并有防震、防风的机械性能。

8）架空吊线与电力线的水平与垂直距离要在 2m 以上，离地面最小高度为 5m，离房顶最小距离为 1.5m。

9）架空杆路的选定应遵循以下原则：

● 架空杆路基本上沿各条公路的一侧敷设，部分沿途有当地的广播局、电视局、电信局及其他的杆路敷设。

● 架空杆路跨越较大的公路时，公路的两边应加立高杆，视现场情况可立 6m、7m、8m、9m、10m 及 12m 杆。

10）架空杆材料的选用。

① 水泥杆的选用：

● 在山区不通公路时，可选用 6m、7m 杆。

● 在开阔区可选用 7m、8m 杆。

● 在郊区可选用 8m、9m 杆。

● 在市区可选用 9m、10m 杆。

● 在线缆跨越公路时，可选用 10m、11m 及 12m 杆。

② 铁件杆的选用：铁件杆全部采用热镀锌材料。杆路跨越较大的河流或特殊地段时，应做特殊处理。当杆间距大于80m时，应做辅助吊线。当杆子定在河床里时，应做护墩进行有效的保护。

当杆子定在山谷下或河床里时，地面起伏比较大，吊线仰视与杆梢的夹角呈45°或小于45°、高低落差大于15m时，应做双向拉线。

11）竖立电杆应达到下列要求。

① 直线线路的电杆位置应在线路路由的中心线上。电杆中心线与路由中心线的左右偏差应不大于50mm，电杆本身应上下垂直。

② 角杆应在线路转角点内移。水泥电杆的内移值为100~150mm，因地形限制或装支撑杆的角杆可不内移。

③ 终端杆竖立后应向拉线侧倾斜100~200mm。

④ 电杆与拉线地锚坑的埋深应符合以下要求：

- 6m杆：普通土埋深1.2m，石质埋深1.0m。
- 7m杆：普通土埋深1.3m，硬土埋深1.2m，水田、湿地埋深1.4m，石质埋深1.0m。
- 8m杆：普通土埋深1.5m，硬土埋深1.4m，水田、湿地埋深1.6m，石质埋深1.2m。
- 9m杆：普通土埋深1.6m，硬土埋深1.5m，石质埋深1.4m。
- 10m杆：普通土埋深1.7m，硬土埋深1.6m，石质埋深1.6m。
- 12m杆：普通土埋深2.1m，硬土埋深2.0m，石质埋深2.0m。

12）杆路保护：河滩及塘边杆根缺土的电杆，应做护墩保护。在路边易被车辆碰撞的地方立杆，应加设护杆桩，加高为40~50cm。

13）杆路净距要求：杆路吊线架设应满足净距要求，在跨越主要公路时缆路间净距应不小于5.5m，跨越土路时缆路间净距应不小于4.5m，跨越铁路时缆路间净距应不小于7m。

14）标志牌：架空光缆线路跨越公路河流时应设置标志牌。架空光缆线路设置的标志牌应是尺寸为250mm×100mm×5mm的铝制片，每隔300m间距点加挂标志牌，标志牌牢固固定于钢绞线上，面对观看方向。

15）吊线的抱箍在距杆梢40~60cm处。

电杆与其他建筑物间隔的最小净距见表7-7。架空线路最低线缆跨越其他障碍物的最小垂直距离见表7-8。

表 7-7　电杆与其他建筑物间隔的最小净距

序号	建筑物名称	说　　明	最小水平净距/m	备　　注
1	铁路	电杆距铁路最近钢轨的水平距离	11	
2	公路	电杆间距根据公路情况可以增减	H	或满足公路部门要求
3	人行道边沿	电杆与人行道边平行时的水平距离	0.5	或根据城市建设部分的批准位置确定
4	通信线路	电杆与电杆的距离	H	H为电杆在地面的高度
5	地下管线	地下管线（煤气管等）	1.0	电杆与地下管线平行的距离
6	地下管线	地下管线（电信管道、直埋电缆）	0.75	电杆与它们平行时的距离
7	建筑	电杆与房屋建筑的边缘距离	1.50	

表 7-8　架空线路最低线缆跨越其他障碍物的最小垂直距离

序号	障　碍　物	最小垂直距离/m	备　　注
1	铁路铁轨	7.5	指最低导线最大垂直处
2	公路、市区马路	7.5	或满足公路部门要求
3	一般道路路面	5.5	或根据城市建设部分的批准位置
4	通航河流航帆顶	1.0	在最高的水位
5	不通航河流顶点	2.0	在最高的水位及漂浮物上
6	房屋屋顶	1.5	电杆与它们平行时的距离
7	与其他通信线交越距离	0.6	
8	距树枝距离	1.5	
9	沿街架设距地面	4.0	
10	高农作物地段	0.6	与农作物和农机最高点净距

2. 光缆吊线架设方法

在长距离架空敷设光缆时采用导向滑轮，先用牵引绳（用直径为 13mm 的绳套绑扎光缆）将一端用线预先装入吊线线槽内；在架杆和吊线上预先挂好滑轮，每隔 20～30m 安装一个导引小滑轮，在另一端电杆部位安装一个大号滑轮，将牵引绳按顺序通过滑轮，直至到达光缆所要牵引的另一端头。施工中一般光缆分多次牵引。

光缆牵引完毕后，用挂钩将光缆托挂于吊线上，通常采用滑板车操作较快较好，也可以采用其他方法。

长距离架空敷设光缆展放过程中要重点注意以下内容：

- 光缆施工要严格按照施工的规范进行。
- 操作人员要集中精力，听从指挥，令行禁止。
- 各塔位、跨越物、转角滑车等监护人员应坚守岗位，按要求随时报告情况。
- 光缆必须离地，不得与地面、跨越架和其他障碍物相摩擦。
- 展放速度宜控制在 30m/min 左右，不宜太快。
- 牵引走板通过滑车时，应放慢牵引速度，使走板顺利通过滑车，防止光缆跳槽卡线而损伤光缆。
- 塔上护线人员应报告走板离滑车的距离，以便牵引光缆的驾驶员心中有数。
- 光缆转弯时，其转弯半径要大于光缆自身直径的 20 倍，如架空光缆在上下杆塔时，应当尽量减小弯曲的角度，同时给光缆盘施加助力，以减少光缆的拉力。
- 布缆时的拉力应小于 80% 额定拉力。
- 每个杆上要预留一段用于伸缩的光缆。
- 应安排相关人员分布在光缆盘放线处（光缆盘 "∞" 字处）、穿越障碍点、地形拐弯处和光缆前端引导等处，以便及时发现问题，排除故障，控制放线中的速度，并减小放线盘的拉力。
- 光缆布放过程如遇到障碍，应停止拖放，及时排除。不能用大力拖过，否则会造成光缆损伤。
- 光缆放线时，拉力要稳定，不能超过光缆标准的要求拉力。

- 光缆布放时工程技术人员应配备必要的通信设备，如对讲机、扬声器。
- 打 "∞" 字时，应选择合适的地形，将 "∞" 字尽量打大。为避免解 "∞" 字时产生问题，应在情况允许的前提下尽量少打 "∞" 字。
- 光缆钩间距为 50cm ± 3cm，挂钩与光缆搭扣一致，挂钩托板齐全、平整。
- 光缆接头盒两侧余线 10 ~ 20m 为宜，将余线用预留架固定接头杆相邻两杆的反侧，把反线盘在余线架上，绑扎牢固整齐。
- 对施工复杂、超越障碍多的地段或山区等极难施工地段，应适当选用小盘光缆。

在长距离架空敷设光缆时可采用从中间向两端布线。从中间向两端布线时光缆的配盘长度一般为 2 ~ 3km，施工布放受人员及地形等因素的影响，放缆时把光缆放置在路段中间，把光缆从光缆盘上放下来，按 "∞" 字形方式做盘处理，向两端反方向架设。光缆将逆着 "∞" 字的方向放（打），顺着 "∞" 字的方向布放（解开）；放缆时要先在中间做盘 "∞" 字处理，然后布放。

7.6.3　长距离光缆布线直埋敷设的施工技术

1. 光缆布线直埋敷设的要求

光缆布线直埋敷设的要求主要有如下内容：

1) 光缆布放前，应对施工及相关人员就施工应注意的事项进行适当的培训，如放线方法要领和安全等内容，并确保施工人员服从指挥。

2) 核定光缆路由的具体走向、敷设方式、环境条件及接头的具体地点是否符合施工图设计。

3) 核定地面距离和中继段长度。

4) 核定光缆穿越障碍物需要采取防护措施地段的具体位置和处理措施。

5) 核定光缆沟坎、护坎、护坡、堵塞等光缆保护的地点、地段和数量。

6) 光缆与其他设施、树木、建筑物及地下管线等的最小距离要符合验收技术标准。

7) 光缆的路由走向、敷设位置及接续点应保证安全可靠，便于施工、维护。

8) 开挖缆沟前，施工单位应依据批准的施工图设计沿路由撒放灰线，直线段灰线撒放应顺直，不应有蛇形弯或脱节现象。

9) 直埋光缆沟深度要按标准要求进行挖掘，见表7-9。

10) 不能挖沟的地方可以架空或钻孔预埋管道敷设。

11) 由于爬坡直埋光缆较重，且布放地形复杂，因此施工比较困难，所需人工较多，应配备足够人员。

12) 沟底应平缓坚固，需要时可预填一部分沙子、水泥或支撑物。

13) 光缆布放时，工程技术人员应配备必要的通信设备，如对讲机、扬声器等。

14) 光缆的弯曲半径应小于光缆外径的 15 倍，施工过程中不应小于 20 倍。

15) 敷设时可用人工或机械牵引，但要注意导向和润滑。

16) 机械牵引时，进度调节范围应为 3 ~ 15m/min，调节方式应为无级调速，并具有自动停机性能。牵引时应根据牵引长度、地形条件、牵引张力等因素选用集中牵引、中间辅助牵引、分散牵引等方式。

表 7-9　直埋光缆埋深标准要求

敷设地段或土质	埋深/m	备　注
普通土（硬土）	≥1.2	
沙砾土质（风化石）	≥1.0	沟底应平整，无有碍施工的杂物
全石质	≥0.8	从沟底加垫 10cm 细土或沙土
流沙	≥0.8	
市郊、村镇一般场合	≥1.2	不包括车行道
市区人行道	≥1.0	包括绿化地带
穿越铁路、公路	≥1.2	距道渣底或距路面
沟、渠、塘	≥1.2	
农田排水沟	≥0.8	

17）光缆布放完毕，光缆端头应做密封防潮处理，不得浸水。

18）敷设完成后，应尽快回土覆盖并夯实。

● 直埋光缆必须经检查确认符合质量验收标准后，方可全沟回填。

● 光缆铺放完毕后，检查光缆排列顺序无交叉、重叠，光缆外皮无破损，可以首先回填 30cm 厚的细土。对于坚石、软石沟段，应外运细土回填，严禁将石块、砖头、硬土推入沟内。

● 待 72 小时后，测试直埋光缆的护层对地绝缘电阻合格后，可进行全沟回填，回填土应分层夯实并高出地面形成龟背形式，回填土应高出地面 10～20cm。

● 直埋光缆沿公路排水沟敷设，遇石质沟时，光缆埋深≥0.4m，回填土后用水泥砂浆封沟，封层厚度为 15cm。

2. 直埋光缆与其他管线及建筑物之间的最小净距

直埋光缆的敷设位置，应在统一的管线规划综合协调下进行安排布置，以减少管线设施之间的矛盾。直埋光缆与其他管线及建筑物间的最小净距见表 7-10。

表 7-10　直埋光缆与其他管线及建筑物之间的最小净距

序号	直埋光缆与其他物体的位置关系	最小净距/m	备　注
1	与市话通信电缆管道平行时	0.75	不包括人孔或手孔
	与市话通信电缆管道交叉时	0.25	不包括人孔或手孔
2	与同沟敷设的直埋通信电缆平行时	0.50	
	与非同沟敷设的直埋通信电缆平行时	0.50	
3	与直埋电力电缆（<35kV）平行时	0.50	
	与直埋电力电缆（<35kV）交叉时	0.50	
	与直埋电力电缆（>35kV）平行时	2.00	
	与直埋电力电缆（>35kV）交叉时	0.50	
4	与给水管管径（<30cm）平行时	0.50	
	与给水管管径（<30cm）交叉时	0.50	用钢管保护光缆，最小为 0.15m
	与给水管管径（30～50cm）平行时	0.50	
	与给水管管径（30～50cm）交叉时	1.00	

（续）

序号	直埋光缆与其他物体的位置关系	最小净距/m	备　注
5	与高压石油天然气管平行时	10.00	
	与高压石油天然气管交叉时	0.50	
6	树木、灌木	0.75	
	乔木	2.00	
7	与燃气管（压力 <3kg/cm^2）平行时	1.00	
	与燃气管（压力 <3kg/cm^2）交叉时	0.50	
	与燃气管（压力 <3 ~8kg/cm^2）平行时	1.00	
	与燃气管（压力 <3 ~8kg/cm^2）交叉时	0.50	
8	与排水管平行时	0.80	
	与排水管交叉时	0.50	
9	建筑红线（或基础）	1.00	

3. 布线直埋敷设的方法

光缆布线直埋敷设的方法主要是人工抬放敷设光缆。

采用人工抬放敷设光缆要重点注意如下 7 点内容：

1）敷设时不允许光缆在地上拖拉，也不得出现急弯、扭转等现象。

2）光缆不应出现小于规定曲率半径的弯曲（光缆的弯曲半径应不小于光缆外径的 20 倍），不允许光缆拖地铺放和牵拉过紧。

3）在布放过程中或布放后，应及时检查光缆的排列顺序，如有交叉重叠要立即理顺，当光缆穿越各种预埋的保护管时，特别要注意排列顺序。要随时检查光缆外皮，如有破损，应立即予以修复。敷设后应检查每盘光缆护层的对地绝缘电阻是否符合要求，若不符合则应进行更换。

4）直埋光缆布放时必须清沟，沟内有水时应排净，光缆必须放于沟底，不得腾空和拱起。

5）直埋光缆敷设在坡度大于 30°、坡长大于 30m 的斜坡上时，宜采用"S"形敷设或按设计要求的措施处理。

6）待光缆穿放完毕后，其钢管、塑管及子管应采用油麻沥青封堵，防腐、防鼠等，子管与光缆采用 PVC 胶带缠扎密封，备用子管安装塑料塞子。

7）直埋光缆的接头处、拐弯点或预留长度处以及与其他地下管线交越处，应设置标志，以便今后维护、检修。

7.6.4　长距离光缆管道布线的施工技术

1. 长距离光缆管道布线的施工要求

长距离光缆管道布线施工应注意如下 12 点：

1）敷设光缆前的准备，应根据设计文件和施工图样对选用光缆穿孔的管孔大小、占用情况和其位置进行核对，如果所选管孔孔位需要改变，应取得设计单位的同意。

2）准备敷设光缆时，应逐段将管孔清刷干净和试通。清扫时应用专制的清刷工具，清扫后应用试通棒试通检查，检查合格后，才可穿放光缆。

3）管道所用的器材规格、质量在施工使用前要进行检验，严禁使用质量不合格的器材。

4）PVC 管、蜂窝管的管身应光滑无伤痕，管孔无变形。

5）安放塑料子管，同时放入牵引线。

6）计算好布放长度，一定要有足够的预留长度：

- 自然弯曲每 1km 增加长度 5m。
- 人孔内拐弯处每一孔增加长度 0.5 ~ 1m。
- 接头重叠每一侧预留长度 8 ~ 10m。
- 局内预留长度 15 ~ 20m。

7）布放塑料子管的环境温度应在 − 5 ~ + 35℃ 之间，在温度过低或过高时，尽量避免施工，以保证塑料子管的质量不受影响。

8）连续布放塑料子管的长度不宜超过 300m，塑料子管不得在管道中间有接头。

9）牵引塑料子管的最大拉力不应超过管材的抗拉强度，在牵引时的速度要均匀。

10）在穿放塑料子管的水泥管管孔中，应采用塑料管堵头，在管孔处安装，使塑料子管固定。塑料子管布放完毕，应将子管口临时堵塞，以防异物进入管内。

11）如果采用多孔塑料管，可免去对子管的敷设要求。

12）光缆的牵引端头可现场制作。为防止在牵引过程中发生扭转而损伤光缆，在牵引端头与牵引索之间应加装转环。

2. 光缆管道布线的方法

光缆管道布线施工的方法应注意如下 15 点内容：

1）布线时应从中间开始向两边牵引，一次布放光缆的长度不要太长，光缆配盘的长度一般为 2 ~ 3km。

2）布缆牵引力一般不大于 120kg，而且应牵引光缆的加强芯部分。

3）做好光缆头部的防水加强处理。

4）光缆引入和引出处需加顺引装置，不可直接拖地。

5）城市 φ90mm 标准管孔，可容纳 3 根 3 ~ 4in 塑料子管，直径小于 20mm 的光缆适合于 1in 子管，对于其他种类光缆应选用合适的子管。

6）管道光缆敷设要通过人孔的入口、出口，路由上出现拐弯、曲线以及管道与入孔存在高差等情况时，配置导引装置应减少光缆的摩擦力，降低光缆的牵引拉力。

7）光缆的端头应预留适当长度，盘圈后挂在人孔壁上，不要浸泡于水中。

8）放管前应将管外凹状定位筋朝上放置，并严格按照管外箭头标志方向顺延，不可颠倒方向。

9）在放管时，严禁泥沙混入管内。

10）布放两根以上的塑料子管，如管材已有不同颜色可区别时，其端头可不必做标志；对于无颜色的塑料子管，应在其端头做好有区别的标志。

11）光缆采用人工牵引布放时，每个人孔或手孔应有人帮助牵引；机械布放光缆时，不需每个孔均有人，但在拐弯处应有专人照看。整个敷设过程中，必须严密组织，并有专人统一指挥。

12）光缆一次牵引长度一般不应大于 1000m。超长距离时，应将光缆采取盘成倒 8 字形分段牵引或在中间适当地点增加辅助牵引，以减少对光缆的拉力和提高施工效率。

13）在光缆穿入管孔或管道拐弯处与其他障碍物有交叉时，应采用导引装置或扬声器口保护光缆。

14）根据需要可在光缆四周加涂中性润滑剂等材料，以减少牵引光缆时的摩擦阻力。

15）光缆敷设后，应逐个在人孔或手孔中将光缆放置在规定的托板上，并应留有适当余量。

7.6.5　光缆布线施工工具

在光缆施工工程建设中常用的工具及用途见表 7-11。

表 7-11　在光缆施工中常用的工具及用途

序　号	工 具 名 称	数　量	用　　途
1	光纤剥皮钳	1 把	剥离光纤表面涂覆层
2	横向开缆刀	1 把	横向开剥光缆
3	刀具	1 把	切割物体
4	剪刀	1 把	剪断跳线内纺纶纤维
5	断线钳	1 把	开剥光缆
6	老虎钳	1 把	剪断光缆加强芯
7	组合螺钉套件	1 套	紧固螺钉
8	组合套筒扳手	1 套	紧固六角螺钉
9	活扳手	1 把	光缆接头盒安装
10	内六角扳手	1 套	紧固螺钉
11	洗耳球	1 个	吹镜头表面浮层
12	镊子	1 把	镊取细小物件
13	记号笔	1 支	做终端标号
14	酒精泵瓶	1 个	清洗光纤
15	微型螺钉旋具	1 套	紧固螺钉
16	松套管剥皮钳	1 把	开剥光缆
17	卷尺	1 把	测量光缆开剥长度
18	工具箱	1 个	装置工具
19	斜口钳	1 把	剪光缆加强芯
20	尖嘴钳	1 把	辅助开剥光缆
21	试电笔	1 支	测试线路带电情况
22	手电筒	1 个	施工照明
23	手工锯	1 把	锯光缆及铁锯
24	备用锯条	1 套	锯光缆及铁锯

光纤熔接机及工具箱如图 7-39 所示。

图 7-39　光纤熔接机及工具箱

7.7　光缆光纤连接技术

7.7.1　光缆光纤连接技术概述

在网络综合布线系统和城域光传送网中，光缆的应用越来越广泛，但是它的连接件的制作技术的确不易普及，需要一定程度的训练，有些技术只有熟练的技术人员才能掌握。

光纤连接技术可分为端接技术和熔接技术。

（1）端接技术

端接是指把连接器连接到每条光纤的末端。端接技术可分为磨光技术和压接技术。磨光技术是指将光纤连接器和光纤进行接续然后磨光的技术，压接技术是指免磨压接的非环氧树脂型端接技术。

（2）熔接技术

熔接技术是对同一种光纤类型的接续或机械连接。磨光技术、压接技术和熔接技术在光缆光纤工程中应用广泛。

7.7.2　光纤连接器和光纤耦合器

在光纤连接的过程中，主要有光纤连接器和光纤耦合器。光纤连接器连接插头用于光纤的端点，此时光缆只有单根光纤的交叉连接或相互连接的方式连接到光电设备上。光纤耦合器用于光纤连接器和光纤连接器的对接。

1. 光纤连接器

在所有的光缆光纤工程单工终端应用中，均使用光纤连接器。单光纤连接线和光纤连接器如图 7-40 所示。

连接器的部件有：

● 连接器体。

● 用于 2.4mm 和 3.0mm 直径的单光纤缆的套管。

● 缓冲器、光纤缆支持器（引导）。

● 带螺纹帽的扩展器。

● 保护帽。

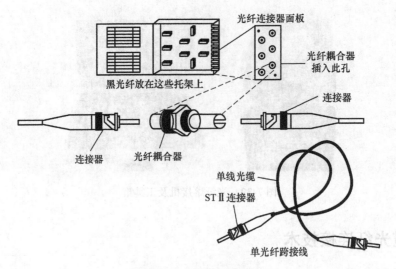

图 7-40　单光纤连接

连接器的部件与组装如图 7-41 所示。

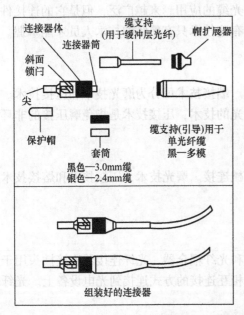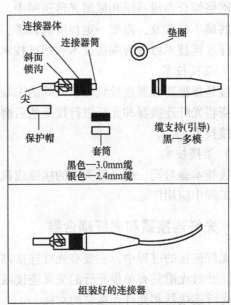

图 7-41　连接器的部件与组装

(1) 连接器插头的结构和规格

1) STII 光纤连接器的结构有如下两种：

● 陶瓷结构。

● 塑料结构。

2) STII 光纤连接插头的物理和电气规格如下：

● 长度：22.6mm。

● 运行温度：–40 ~ +85℃。

● 耦合次数：500 次（陶瓷结构）。

（2）常见的连接器

常见的连接器如图 7-42 所示。

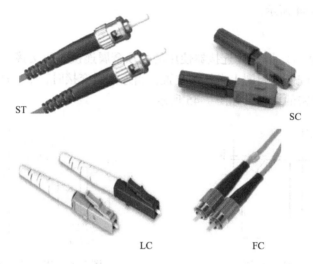

ST

SC

LC

FC

图 7-42　常见的连接器

2. 光纤耦合器

耦合器起对准套管的作用。另外，耦合器多配有金属或非金属法兰，以便于连接器的安装固定。常见的耦合器如图 7-43 所示。

图 7-43　常见的耦合器

7.7.3　光纤连接器端接磨光技术

连接器有陶瓷和塑料两种材质，它的制作工艺分为磨光、金属圈制作。下面就磨光、金属圈制作方法简述其工艺。

1. PF 磨光方法

PF（Protruding Fiber）是 STII 连接器使用的磨光方法。STII 使用铅陶质平面的金属圈，必须将光纤连接器磨光直至陶质部分。不同材料的金属圈需要使用不同的磨光程序和磨光纸。经过正确的磨光操作后，将露出 1～3μm 的光纤，当连接器进行耦合时，唯一的接触部分就是光纤，如图 7-44 所示。

2. PC 磨光方法

PC（Pcgsica Contact）是 STII 连接器使用的圆顶金属连接器的交接。在 PC 磨光方法中，圆顶的顶正部位恰好配合金属圈上光纤的位置，当连接器交接时，唯一产生接触的地方在圆顶的部位，并构成紧密的接触，如图 7-45 所示。

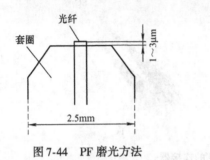

图 7-44　PF 磨光方法

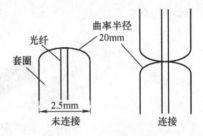

图 7-45　PC 磨光方法

PC 磨光方法可得到较佳的回波耗损（Return Loss）。目前，在工程上常常采用这种方法。

3. 利用光纤连接器对光纤进行连接的具体操作

在光纤连接器连接的具体操作过程中，一般来讲分为 SC 连接器安装和 ST 连接器安装。它们的操作步骤大致相同，这里不再分开叙述。

（1）工作区操作准备

1）在操作台上打开工具箱，工具箱内的工具有：胶粘剂、ST/SC 两用压接器、ST/SC 抛光工具、光纤剥离器、抛光板、光纤划线器、抛光垫、剥线钳、抛光相纸、酒精擦拭器和干燥擦拭器、酒精瓶、Kevlar 剪刀、带 ST/SC 适配器的手持显微镜、注射器、终接手册。

2）在操作台上，放一块平整光滑的玻璃，做好工作台的准备工作（即从工具箱中取出并摆放好必要的工具）。

3）将塑料注射器的针头插在注射器的针管上。

4）拔下注射器针头的盖，装入金属针头（注意：保存好针头盖，以便注射器使用完毕后，再次盖上针头，以后继续使用）。

5）把磨光垫放在一个平整的表面上，使其带橡胶的一面朝上，然后把砂纸放在磨光垫上，光滑的一面朝下。

（2）光缆的准备

剥掉外护套，套上扩展帽及缆支持，具体操作如下：

1）用环切工具来剥掉光缆的外套。

2）使用环切工具上的刀片调整螺钉，设定刀片深度为 5.6mm。对于不同类型的光缆，刀切要求见表 7-12。环切光缆外护套如图 7-46 所示。

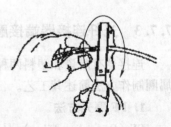

图 7-46　环切光缆外护套

表 7-12　各类光缆刀切要求

光缆类型	刀切的深度/mm	准备的护套长度/mm
LGBC－4	5.08	965
LGBC－6	5.08	965
LGBC－12	5.62	965

3）在光缆末端的 96.5cm 处环切外护套（内层）。将内外护套滑出，如图 7-47 所示。

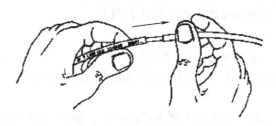

图 7-47　将内层外护套滑出

4）为光缆装上缆支持、扩展帽。先从光纤的末端将扩展帽套上（尖端在前）向里滑动，再从光纤末端将缆支持套上（尖端在前）向里滑动，如图 7-48 所示。

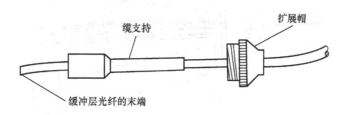

图 7-48　缆支持及扩展帽的安装

（3）若用模板上规定的长度时则需要在安装插头的光纤做标记

对于不同类型的光纤及不同类型的 STII 插头长度规定不同，如图 7-49 和表 7-13 所示。

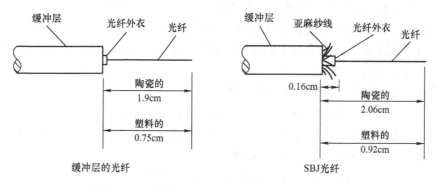

图 7-49　不同类型光纤和 STII 插头对长度的规定

表 7-13　不同类型的光纤和 STII 插头对长度的规定

序号	光纤类型	陶瓷类型	塑料类型
1	缓冲层光纤（缓冲层和光纤外衣的准备长度）	16.5～19.1mm (0.65～0.75in)	6.5～7.6mm（0.25～0.30in）
2	SBJ 光纤（缓冲层的准备长度）	18.1～2.6mm (0.71～0.81in)	7.9～9.2mm (0.31～0.36in)

使用 SC 模板，量取光纤外套的长度，用记号笔按模板刻度所示位置在外套上做记号。

（4）准备好剥线器并用剥线器将光纤的外衣剥去

注意：

1）使用剥线器前要用刷子刷去刀口处的粉尘。

2）对有缓冲层的光纤使用"5B5 机械剥线器"，对有纱线的 SBJ 光纤使用"线剥线器"。

利用"5B5 机械剥线器"剥除缓冲器光纤的外衣，如图 7-50 所示。

具体操作有 7 步：

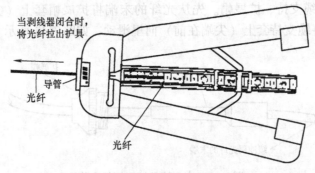

图 7-50　机械剥线器

1）将剥线器深度按要求长度设置好。打开剥线器手柄，将光纤插入剥线器导管中，用手紧握两手柄使它们牢固地关闭，然后将光纤从剥线器中拉出。注意：每次用 5B5 剥线器剥光纤的外衣后，要用与 5B5 一起提供的刷子把刀口刷干净。

2）用浸有酒精的纸或布从缓冲层向前擦拭，去掉光纤上残留的外衣，要求至少要细心擦拭两次才合格，且擦拭时不能使光纤弯曲，如图 7-51 所示。

切记：不要用干布去擦没有外衣的光纤，这会造成光纤表面缺陷，不要去触摸裸露的光纤或让光纤与其他物体接触。

3）利用"线剥线器"剥除 SBJ 光纤的外衣。

4）使用 6in 刻度尺测量并标记合适的光纤长度（用模板也可）。

5）用"线剥线器"上的 2 号刻槽一小段一小段地剥去外衣，剥时用直的拉力，切勿弯曲光缆，直到剥到标记外为止，如图 7-52 所示。

6）对于 SBJ 光纤，还要在距离标记 1.6mm 处剪去纱线。

7）用浸有酒精的纸或布细心擦光纤两次，如图 7-51 所示。

（5）将准备好的光纤存放在"保护块"上

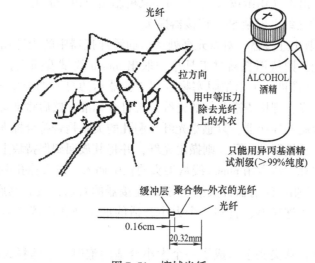

图 7-51　擦拭光纤

1）存放光纤前要用罐气将"保护块"吹干净。

2）将光纤存放在槽中（有外衣的部分放在槽中），裸露的光纤部分悬空，保护块上的小槽用来存放缓冲层光纤，大槽存放单光纤光缆，如图 7-53 所示。

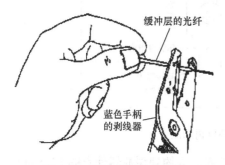

图 7-52　剥去光纤的缓冲层

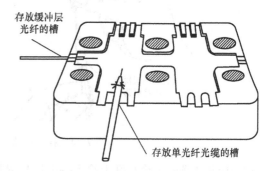

图 7-53　将光纤存放在保护块中

3）将依次准备好的 12 根光纤全存于此块上。

4）若准备好的光纤在脏的空间中放过，则继续加工前再用酒精纸或布细心擦两次。

（6）注射器注射操作

1）取出装有环氧树脂的塑料袋（有黄白两色的胶体，中间用分隔器分开），撤下分隔器，然后在没有打开的塑料袋上用分隔器来回摩擦，以使两种颜色的胶体混合均匀成同一颜色。

2）取出注射器拿下帽子，将注射器针头安装到注射器上，并拧转它到达锁定的位置。

3）将注射器塞拉出，以便装入准备好的塑料袋中的环氧树脂。

4）将环氧树脂塑料剪去一角，并将混合好的环氧树脂从注射器后部孔中加入（挤压袋子），约 19mm 的环氧树脂足够做 12 个 STII 连接器插头。

5）从后部将注射器塞插入。

6）从针管中除去气泡。方法是：将注射器针头向上（垂直），压后部的塞子，使环氧树脂从注射器针头中出来（用纸擦去），直到环氧树脂是自由清澈的。

（7）在缓冲层的光纤上安装 STII 连接器插头

1）从连接器袋取出连接器，对着光亮处从后面看连接器中的光纤孔通还是不通。如果通过该孔不能看到光，则从消耗器材工具箱中取出 music 线试着插入孔中去掉阻塞物，将 music 线从前方插入并推进，可以把阻塞物推到连接器后边打开的膛中去，再看是否有光。如果通过该孔能看到光，则检查准备好的光纤是否符合标准，然后将准备好的光纤从连接器的后部插入，并轻轻旋转连接器，以感觉光纤与洞孔的关系是否符合标准。

若光纤通过整个连接器的洞孔，则撤出光纤，并将其放回到保持块上去；若光纤仍不能通过整个连接器的洞孔，请再用 music 线从尖头的孔中插入，以去掉孔中的阻塞物。

2）将装有环氧树脂的注射器针头插入 STII 连接器的背后，直到其底部，压注射器塞，慢慢地将环氧树脂注入连接器，直到一个大小合适的泡出现在连接器陶瓷尖头上平滑部分为止。

当环氧树脂在连接器尖头上形成了一个大小合适的泡时，立即释放在注射器塞上的压力，并拿开注射器。

对于多模的连接器，小泡至少应覆盖连接器尖头平面的一半，如图 7-54 所示。

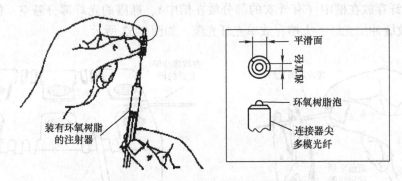

图 7-54　在连接器尖上的环氧树脂泡

3）用注射器针头给光纤上涂上一薄层环氧树脂外衣，大约到缓冲器外衣的 12.5mm 处。若为 SBJ 光纤，则对剪剩下的纱线末端也要涂上一层环氧树脂，如图 7-54 所示。

4）同样地，使用注射器的针头对连接器筒的头部（3.2mm）提供一层薄的环氧树脂外衣。

5）通过连接器的背部插入光纤，轻轻地旋转连接器，仔细地"感觉"光纤与孔（尖后部）的关系，如图 7-55 所示。

6）当光纤被插入并通过连接器尖头伸出后，从连接器后部轻轻地往回拉光纤以检查它的运动（该运动用来检查光纤有没有断，是否位于连接器孔的中央），检查后重新把光纤插好。

7）观察连接器的尖头部分以确保环氧树脂泡沫未被损坏。

对于单模连接器，它只是覆盖了连接器顶部的平滑面。对于多模连接器，它大约覆盖了连接器尖平滑面的一半。如果需要的话，小心地用注射器重建环氧树脂小泡。

8）将缓冲器光纤的"支撑（引导）"滑动到连接器后部的筒上去，旋转"支撑（引导）"以使提供的环氧树脂在筒上均匀分布，如图 7-56 所示。

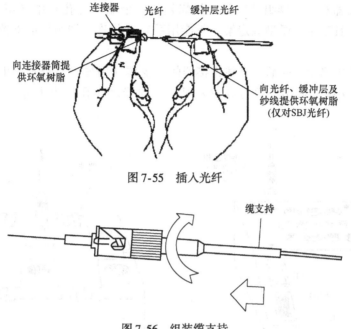

图 7-55　插入光纤

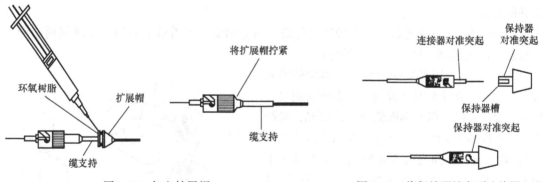

图 7-56　组装缆支持

9) 往扩展帽的螺纹上注射一滴环氧树脂，将扩展帽滑向缆"支撑（引导）"，并将扩展帽通过螺纹拧到连接器体中去，确保光纤就位，如图 7-57 所示。

10) 往连接器上加保持器，如图 7-58 所示。

图 7-57　加上扩展帽　　　　　　　　图 7-58　将保持器锁定到连接器上去

将连接器尖端底部定位的小突起与保持器的槽对成一条线（同时将保持器上的突起与连接器内部的前沿槽对准）。将保持器拧锁到连接器上去，压缩连接器的弹簧，直到保持器的突起完全锁进连接器的切下部分。

11) 要特别小心不要弄断从尖端伸出的光纤，若保持器与连接器装好后光纤从保持器中伸出，则使用剪子把光纤剪去掩埋掉，否则当将保持器及连接器放入烘烤箱时会把光纤弄断。

(8) 烘烤环氧树脂

1) 将烘烤箱放在远离易燃物的地方。把烘烤箱的电源插头插到一组 220V 的交流电源插座上，将 ON/OFF 开关按到 ON 位置，并将烘烤箱加温直到 READY 灯亮（约 5min）。

2）将"连接器和保持器组件"放到烘烤箱的一个端口（孔）中（切勿将光纤部分一起放入），并用工具箱中的微型固定架（不能用手）夹住连接器组件的支撑（引导）部分，如图7-59所示。

3）在烘烤箱中烤10min后，拿住连接器的"支撑（引导）"部分（切记勿拿光纤）将连接器组件从烘烤箱上撤出，再将其放入保持块的端口（孔）中去进行冷却，如图7-60所示。

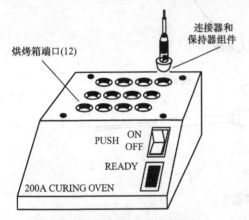

图7-59　将组件放到烘烤箱端口中

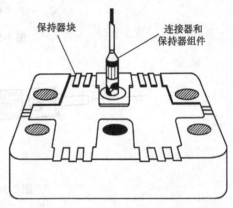

图7-60　冷却连接器组件（在保持块中）

（9）切断光纤

1）确定连接器保持器组件已冷却，从连接器上对保持器解锁，并取下保持器，小心不要弄断光纤。

2）用切断工具在连接器尖上伸出光纤的一面上刻痕（对着灯光看清，在环氧树脂泡上靠近连接器尖的部位轻轻地来回刻痕）。

3）刻痕后，用刀口推力将连接器尖外的光纤点去，如果光纤不容易被点断，则重新刻痕并再试。要使光纤末端的端面能成功地磨光，光纤不能在连接器尖头断开（即不能断到连接器尖头中），切勿通过弯曲光纤来折断它。如果动作干净利索，则会大大提高成功效率，如图7-61所示。

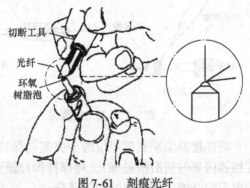

图7-61　刻痕光纤

（10）除去连接器尖头上的环氧树脂

检查连接器，看有没有环氧树脂在其外面，尤其不允许环氧树脂留在连接器尖头，有残留的环氧树脂会妨碍后续的加工步骤，且不能获得低损耗的连接。

1）如果在连接器的陶瓷尖头上发现有环氧树脂，则可用一个干净的单边剃须刀片除去它，使用轻的力量及一个浅工作角向前移动刀片以除去所有的环氧树脂痕迹，切勿刻和抓连接器的尖头。

2）有的是塑料尖头的连接，若塑料尖头上有环氧树脂，也可用单边的剃须刀片除去它，但尖头容易损坏。

（11）磨光

应注意，对多模光纤只能用在 D102938 或 D182038 中提供的磨光纸，因为一粒灰尘就能阻碍光纤末端的磨光。

1）准备工作：清洁所有用来进行磨光工作的物品。

- 用一块蘸有酒精的纸或布将工具表面擦净。
- 用一块蘸有酒精的纸或布将磨光盘表面擦净。
- 用罐气吹去任何残存的灰尘。
- 用罐气将磨光纸两面吹干净。
- 用罐气吹连接器表面和尖头以使其清洁。
- 用蘸有酒精的棉花将磨光工具的内部擦拭干净。

2）初始磨光：在初始磨光阶段，先将磨光砂纸放在手掌心中，对光纤头轻轻地磨几下。不要对连接器尖头进行过分磨光，通过对连接器端面的初始检查后，初始磨光就完成了。

- 将一张 type A 磨光纸放在磨光盘的 1/4 位置上。
- 轻轻地将连接器尖头插到 400B 磨光工具中去，将工具放在磨光纸上，特别小心不要粉碎了光纤末端。
- 开始时需要用非常轻的压力进行磨光，用大约 80mm 高的"8"字形来进行磨光运动。

当继续磨光时，逐步增加压力，磨光的时间根据环氧树脂泡的大小而不同，但通常是移动 20 个"8"字形，如图 7-62 所示。

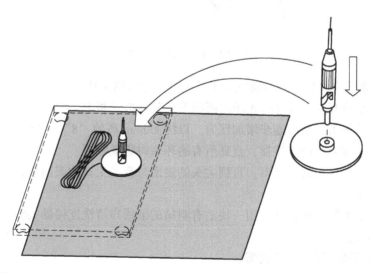

图 7-62 按"8"字形运动进行初始磨光

不磨时要将磨光工具拿开，并用罐气吹工具和纸上的砂粒。

3）初始检查。在进行检查前，必须确定光纤上有没有接上光源，为了避免损坏眼睛，永远不要使用光学仪器去观看有激光或 LED 光的光纤。

- 从磨光工具上拿下连接器，用一块沾有酒精的纸或布清洁连接器尖头及磨光工具。
- 用一个 7 倍眼睛放大镜检查对连接器尖头上不滑区的磨光情况。如果有薄的环氧树脂层，则连接器尖头的表面就不能被彻底地磨光，在初始磨光阶段，如果磨过头了，则可能产生一个高损耗的连接器。

- 对于陶瓷尖头的连接器，初始磨光的完成标志是：在连接器尖头的中心部分保留有一个薄的环氧树脂层，且连接器尖头平滑区上有一个陶瓷的外环暴露出来，将能看到一个发亮的晕环绕在环氧树脂层的周围。
- 对于塑料尖头的连接器，初始磨光的完成标志是：直到磨光的痕迹刚刚从纸上消失为止，并在其尖头上保留一层薄的环氧树脂层。
- 如果磨光还没有满足条件，继续按"8"字形磨光，要频繁地用眼睛放大镜来检查连接器尖头的初始磨光标志，如图 7-63 所示。
- 当初始磨光满足条件后，从磨光工具上取下连接器，并用沾有酒精的纸或布清洗磨光工具和连接器，再用罐气对连接器吹气。

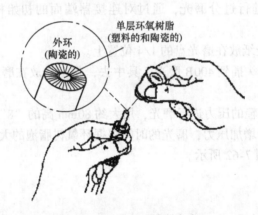

图 7-63　检查连接器尖头

4）最终磨光（先要用酒精和罐气对工具和纸进行清洁工作）。

- 将 type C 磨光纸的 1/4（有光泽的面向下）放在玻璃板上。
- 开始用轻的压力，然后逐步增加压力，以约 100mm 高的"8"字形运动进行磨光。
- 磨光多模陶瓷尖头的连接器，直到所有的环氧树脂被除掉。
- 磨光多模塑料尖头的连接器，直到尖头的表面与磨光工具的表面平齐。

5）最终检查。

- 从磨光工具上取下连接器，用一块沾有酒精的纸或布清洗连接器尖头、被磨光的末端及连接器头。
- 将连接器钮锁到显微镜的底部。
- 打开（分开）显微镜的镜头管（接通电源），用高密的光回照光纤相反的一端，如果可能，照亮核心区域以便更容易发现缺陷，如图 7-64 所示。
- 一个可接收或可采用的光纤 ST 头末端是在核心区域中没有"裂开的口""空隙"或"深的抓痕"，或在包层中没有深的缺口，如图 7-65 所示。
- 如果磨的光纤末端是可采用的，于是连接器就可使用了，如果不需要立即使用此连接器，则可用保护帽把末端罩起来。
- 如果光纤 ST 头末端不能被磨光达到可采用的条件，则需要重新端接它。

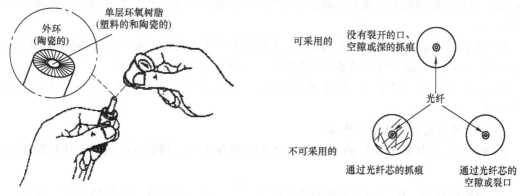

图 7-64　将连接器插入显微镜　　　　　　图 7-65　可采用/不可采用的磨光

（12）光纤的安装

西蒙公司对光纤的安装（使用黏结剂）有如下叙述：

1）用注射器吸入少量黏结剂。

2）将几滴黏结剂滴在一块软亚麻布上，在滴有黏结剂的地方擦拭并摩擦连接器的下端，这一步操作可以保证不发生氧化。

3）将装有黏结剂的注射器金属针头插入连接器的空腔内，直至针头完全插入到位，将黏结剂注入直接连接器的腔内，直至有一小滴从连接器下端溢出。

4）将暴露的光纤插入连接器腔内，直到光纤从内套的底端到达连接器（在进行下面的步骤 5、6 操作时要拿好光纤）。当光纤插入时，用手指来回转动连接器，这有助于光纤进入连接器的洞内。对于带有护套的光纤，光纤应插入到使它的尼龙丝完全展开，并在连接器底部形成一圈。

5）对穿入连接器的光纤用黏结剂黏结（连接器底部滴上一两滴黏结剂）。

6）握住光缆，用一块干燥的软布擦掉光纤周围多余的黏结剂。等黏接剂干燥后，再进入下一步操作。

7）用光纤刻刀在光纤底部轻轻划一道刻痕，刻划时不要用过大的压力，以防光纤受损。

8）将伸出连接器的多余光纤去掉，拔掉时用力方向要沿着光纤的方向，不要扭动，并把多余的光纤放在一个安全的地方。

9）将护套光纤围在连接器下端，并用金属套套上，然后用钳子夹一下金属套。

10）为了保证护套完全装好，对护套光纤，还要再一次夹一下金属套，在金属套的下部（大约 4mm），用钳子再夹一下金属套。

11）对于护套光纤，将护套上移，套在连接器上。

12）对于缓冲光纤，将护套上移，套在连接器上。

磨光等操作类似于前述方法。

4. 光纤连接器的相互连接

光纤连接器的相互连接比较简单，下面以 ST 连接器为例，说明其相互连接方法。

（1）什么是连接器的相互连接

1）对于相互连接模块，要进行相互连接的两条半固定的光纤通过其上的连接器与此模块嵌板上的耦合器相互连接起来。做法是将两条半固定光纤上的连接器从嵌板的两边插入其耦合器中。

2）对于交叉连接模块，一条半固定光纤的连接器插入嵌板上要交叉连接的耦合器的一端，该耦合器的另一端中插入要交叉连接的另一条半固定光纤的连接器。

交叉连接就是在两条半固定的光纤之间使用跳线作为中间链路，使管理员易于对线路进行重布线。

（2）ST 连接器互相连接的步骤

1）清洁 ST 连接器。拿下 ST 连接器头上的黑色保护帽，用沾有酒精的医用棉花轻轻擦拭连接器头。

2）清洁耦合器。摘下耦合器两端的红色保护帽，用沾有酒精的杆状清洁器穿过耦合孔擦拭耦合器内部以除去其中的碎片，如图 7-66 所示。

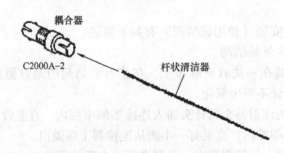

图 7-66　用杆状清洁器除去碎片

3）使用罐装气吹去耦合器内部的灰尘，如图 7-67 所示。

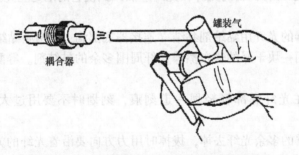

图 7-67　用罐装气吹去耦合器中的灰尘

4）将 ST 连接器插到一个耦合器中。将连接器的头插入耦合器一端，耦合器上的突起对准连接器槽口，插入后扭转连接器让其锁定，如经测试发现光能量损耗较高，则需摘下连接器并用罐装气重新净化耦合器，然后再插入 ST 连接器。在耦合器端插入 ST 连接器，要确保两个连接器的端面与耦合器中的端面接触上，如图 7-68 所示。

图 7-68　将 ST 连接器插入耦合器

注意：每次重新安装时要用罐装气吹去耦合器的灰尘，并用沾有酒精的棉花擦净 ST 连接器。

5）重复以上步骤，直到所有的 ST 连接器都插入耦合器为止。

应注意，若一次来不及装上所有的 ST 连接器，则连接器头上要盖上黑色保护帽，而耦合器空白端或一端（有一端已插上连接器头的情况）要盖上保护帽。

7.7.4　光纤连接器端接压接式技术

1. 光纤连接器端接压接式技术概述

压接式光纤连接头技术是安普公司的专利压接技术，它使光纤端口与安装过程变得快速、整洁和简单，而有别于传统的烦琐过程，该连接头被称为 Light Crimp Plus 接头，其特性如下：

- 最简单、最快的光纤端口。
- 易于安装。
- 体积小（仅为 SC 连接器的一半）。
- 可快速连接。
- 不需要打磨，只需剥皮、切断、压接。
- 出厂时即进行了高质打磨。
- 不需要打磨纸。
- 高性能。
- 无源。
- 不需要热固式加工或紫外处理。
- 多模 SC、ST 接头。
- 无损健康、无环境污染。
- 直接端接、不需要工作站。
- 人工成本低。
- 与 TIA/EIA、IEC、CECC 及 EN 标准兼容。
- 提供升级工具。

因为 Light Crimp Plus 接头是在工厂打磨好的，因此，用户需要做的就是：剥开线缆，切断光纤，压好接头。在节省时间的同时，还获得了高质量的产品。

Light Crimp Plus 接头提供始终如一的压接性能，而且与热固式接头具有相同的性能，并能适应较宽的温度范围，适用于 −10 ～ +60℃ 环境温度。

用于 Light Crimp Plus 的工具也可以用于 Light Crimp Plus 接头。对使用 Light Crimp 和预先打磨接头的用户，厂商还提供升级工具，从而使 Light Crimp Plus 端接更简单及更具成本效益。

2. 免磨压接工具和 SC 光纤连接器的部件

免磨压接型光纤连接器是一种非常方便光纤端接的连接器产品，使得光纤端接成为一种快速、方便和简单的机械过程。操作人员只需经过很少的培训即可操作，并且使用的工具数量有限。使用这种连接器端接光纤，不需要使用胶水和加热炉，不需要等待胶水凝固的过程，也不需要使用砂纸进行研磨，只需经过 3 个简单的步骤——剥除光缆外皮、劈断光纤和压接，就可以完成全部端接过程。安普免磨压接型 SC 光纤连接器端接如图 7-69 所示。

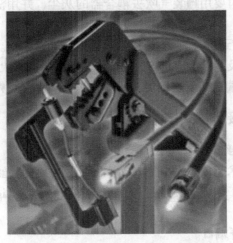

图7-69　安普免磨压接型 SC 光纤连接器端接

（1）免磨压接工具

端接安普免磨压接型 SC 光纤连接器需要以下工具：外皮剥离工具、光纤剥离工具、剪刀、光纤装配固定器、光纤切断工具、手工压接工具及清洁光纤用酒精棉，这些工具都包含在安普光纤连接器专用工具包中。

（2）压接型 SC 光纤连接器的部件

压接型 SC 光纤连接器的部件如图7-70所示。

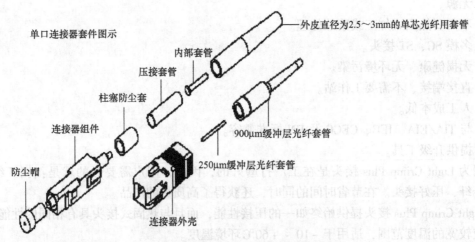

图7-70　压接型 SC 光纤连接器的部件

3. 端接缓冲层直径为 900μm 光纤连接器的具体操作

（1）剥掉光纤的外套

剥掉光纤的外套，具体操作有4步：

1）首先将 900μm 光纤用护套穿在光纤的缓冲层外，如图7-71所示。

2）取下连接器组件底端的防尘帽。

3）将连接器的插芯朝外固定在模板上，并确认连接器已经放置平稳，平稳地将光纤放置到刻有"BUFFER"字样的线槽中，确认光纤顶端与线槽末端完全接触（即线缆放入线槽

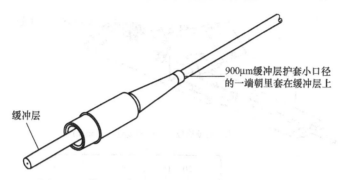

图 7-71 将 900μm 光纤用护套穿在光纤的缓冲层外

并完全顶到头）。根据线槽的每一个十字缺口的位置在线缆上做标记，如图 7-72 所示。做完标记后将线缆从线槽中拿开。

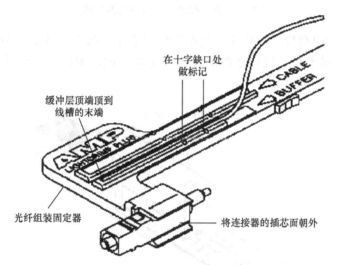

图 7-72 线缆放入线槽做标记

4）使用光纤剥离工具（黄色手柄）在第一个标记处进行剥离。根据建议的剥离角度，将光纤外皮剥开成 3 个部分，如图 7-73 所示。用酒精棉清洁光纤，除去残留的光纤外皮。

（2）使用光纤切断工具切断光纤

在使用光纤切断工具前请先确认工具的"V"形开口处是否清洁，若不清洁容易使光纤断裂。若不清洁，则使用酒精棉清洁工具，用浸有酒精的纸或布擦拭"V"形开口。

使用光纤切断工具切断光纤，具体操作有 3 步：

1）将光纤放入工具前臂的沟槽中。按住切断工具的后臂，使工具夹头张开，将光纤放入工具前臂的沟槽中，光纤顶端位于工具前臂标尺的 8mm 刻度处（±0.5mm），如图 7-74 所示。

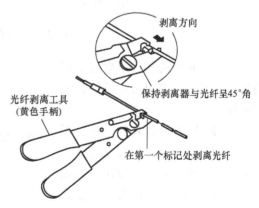

图 7-73 光纤在第一个标记处进行剥离

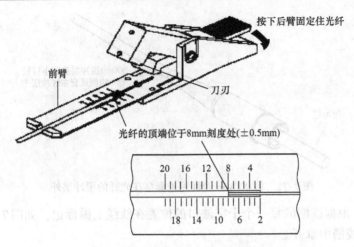

图 7-74　将光纤放入工具前臂的沟槽中

2）在光纤上做出刻痕。保持光纤所在的位置不动，松开工具后臂使光纤被压住并且牢固，保持工具前臂平稳，轻轻地按压刀头在光纤上做出刻痕，再松开刀头，如图 7-75 所示。

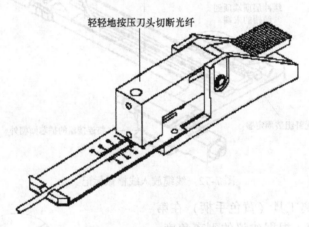

图 7-75　在光纤上做出切断

为避免光纤受损，不要过于用力地按压刀头。刀刃边缘只能接触到光纤。

3）断开切断的光纤末端。保持光纤的位置不动，慢慢地弯曲工具前臂，使光纤在已经做出的刻痕部位断开，如图 7-76 所示。注意不要触摸切断的光纤末端，否则光纤会被污染，也不要清洁切断的光纤末端。为避免工具受损，不要弯曲工具前臂超过 45°。

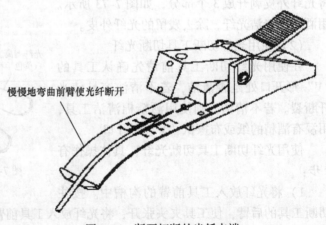

图 7-76　断开切断的光纤末端

（3）做压接工作

1）使被切断的光纤末端与光纤固定器的前端保持水平对齐。首先张开光纤固定器的夹子，将光纤放到夹子里，拉动光纤，使被切断的光纤末端与光纤固定器的前端保持水平对齐，保持住光纤的位置，松开夹子，如图 7-77 所示。

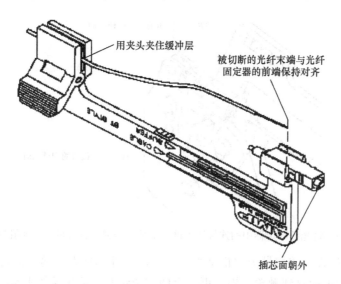

图 7-77　使被切断的光纤末端与光纤固定器的前端保持水平对齐

2）将光纤插入连接器的尾部。小心地将光纤插入连接器的尾部，直到光纤完全进入其中不能再深入为止。确认曾经在光纤缓冲层上留下的标记已经进入到连接器中（如果标记没有进入到其中，必须重新切断光纤）。因光纤弯曲而产生的张力将对插头内的光纤产生一个向前的推力，如图 7-78 所示。注意，要保持光纤后部给予前部连接器内的光纤一个向前的推力是很重要的，要确保在任何时候光纤都不会从插头中滑出。

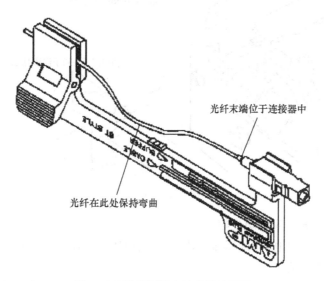

图 7-78　将光纤插入连接器的尾部

3）将光纤固定器中的连接器组件前端放在压接钳前端的金属小孔凹陷处。握住压接钳的手柄，直到钳子的棘轮变松，让手柄完全张开，慢慢地闭合钳子，直到听到了两声从棘轮处发出的"咔嗒"声。将光纤固定器中的连接器组件前端放在压接钳前端的金属小孔凹陷处的上面，如图7-79所示。为了避免光纤受损，必须保持位置的精确和遵从箭头的指示。

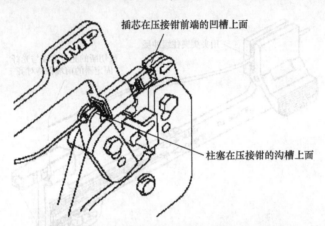

图 7-79　将光纤固定器中的连接器组件前端放在压接钳前端的金属小孔凹陷处

4）压接。轻轻地朝连接器方向推动光纤，确认光纤仍然在连接器底部的位置，然后慢慢地握紧压接钳的手柄直到棘轮变松，再让手柄完全张开，从压接钳上拿开连接器组件。

将连接器柱塞放置到压接钳前端第一个（最小的）小孔里，柱塞的肩部顶在钳子沟槽的边缘，朝向箭头所指的方向，如图7-79和图7-80所示。慢慢地握紧压接钳的手柄，直到钳子的棘轮变松，让手柄完全张开，再从钳子上拿开连接器组件。

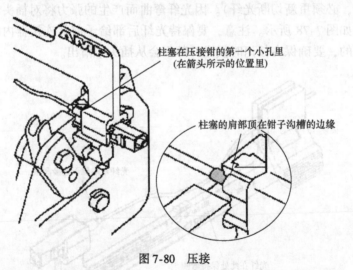

图 7-80　压接

（4）压接过程完成后安装防尘帽

安装上防尘帽，平稳地向前推动护套使其前端顶住连接器底部，如图7-81所示。

（5）安装连接器外壳

从线缆固定模板上拿开连接器组件。保持连接器外壳与连接器组件斜面的边缘水平，平稳地将外壳套在组件上，直到听到发出"啪"的一声为止，如图7-82所示。安装时，不要

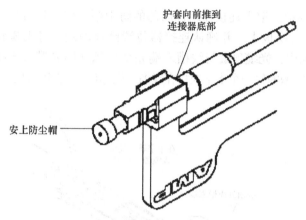

护套向前推到
连接器底部

安上防尘帽

图 7-81　压接过程完成后安装防尘帽

用很大的力量将这些组件强行连接在一起，只需照上述方法操作即可，它们是专门针对这种安装方法而设计的。对于双口连接器，使用插入工具可以轻松地将外壳安装在连接器组件上。

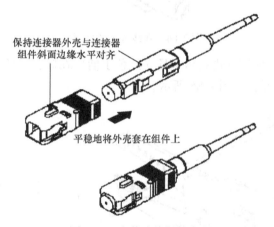

保持连接器外壳与连接器
组件斜面边缘水平对齐

平稳地将外壳套在组件上

图 7-82　安装连接器外壳

端接缓冲层直径为 $900\mu m$ 光纤连接器的具体压接过程即告完成。

4. 端接外皮直径为 2.5~3mm 的单芯光缆连接器的具体操作

（1）剥掉光纤的外套

剥掉光纤的外套，具体操作有 4 步：

1）套光纤护套。将护套（小口径的一端朝里）套在光纤的外面，如图 7-83 所示。

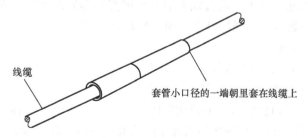

线缆

套管小口径的一端朝里套在线缆上

图 7-83　套光纤护套

2）在线缆上做标记。取下连接器组件后部的防尘帽，留下顶端插芯上的防尘帽。将连接器的插芯朝外固定在模板上，并确认连接器位置已经固定。将光缆放入到模板上标刻有"CABLE"字样的线槽中，光缆顶端与线槽末端完全接触（即光缆放入线槽并完全顶到头）。如图7-84所示，根据线槽的每一个十字缺口在线缆上做标记，做完标记后将线缆从线槽中拿开。

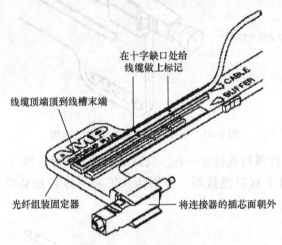

图 7-84　在线缆上做标记

3）剪开线缆外皮。使用外皮剥离工具（红色手柄）在标有"18"的缺口处将线缆上的每一个做标记的地方剪开，如图7-85所示。

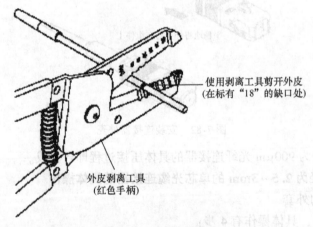

图 7-85　剪开线缆外皮

4）用剪刀剪断加强层纤维。剥去线缆第一个被剪开部分的外皮，露出里面的加强层纤维层（Kevlar层），用剪刀将加强层纤维剪断，然后再将第二个标记处的外皮去掉，露出加强层纤维层，如图7-86所示。

（2）使用光纤切断工具切断光纤

使用光纤切断工具切断光纤，具体操作有7步：

1）将加强层纤维收到套管里。平稳地将压接套管套在光缆上，移动套管将加强层纤维收到套管里。继续移动套管，直到加强层纤维能从套管前端显露出来，如图7-87所示。

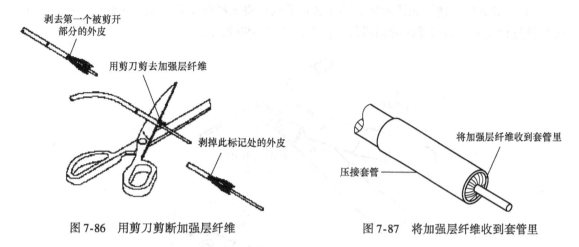

图 7-86　用剪刀剪断加强层纤维　　　　　　　图 7-87　将加强层纤维收到套管里

2）将内部套管加到加强层纤维的里面。平稳地将内套管平滑的一端朝内套在缓冲层上，推动在加强层纤维下的内套管，直到和压接套管前端对齐，如图 7-88 所示。

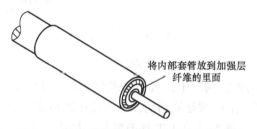

图 7-88　将内部套管加到加强层纤维的里面

3）在十字缺口位置上做线缆标记。将处理过的光缆放到模板上标刻有 "BUFFER" 字样的线槽中，确认缓冲层的顶端与线槽末端完全接触（即缓冲层放入线槽并完全顶到头），如图 7-89 所示，根据线槽的每一个十字缺口的位置在线缆上做标记，做完标记后将线缆从线槽中拿开。

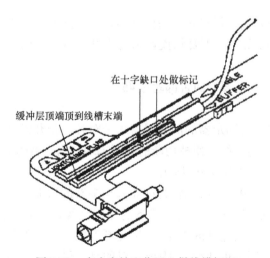

图 7-89　在十字缺口位置上做线缆标记

4）剥离光纤。使用光纤剥离工具（黄色手柄）将光纤外皮剥开成 3 个标记，在第一个标记处进行剥离。根据建议的剥离角度操作，如图 7-90 所示。

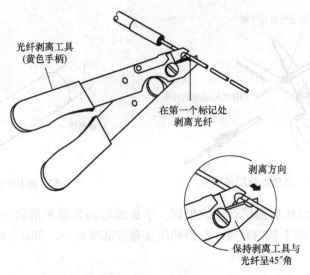

光纤剥离工具
（黄色手柄）

在第一个标记处
剥离光纤

剥离方向

保持剥离工具与
光纤呈45°角

图 7-90　剥离光纤

用酒精棉清洁光纤，除去残留的光纤外皮。

5）将光纤放入工具前臂的沟槽中，接下来进行切断光纤的工作。为避免光纤受损，请先确认工具刃部以及刃部周围区域是清洁的，可以使用酒精棉清洁工具。首先按住切断工具的后臂，使工具夹头张开，将光纤放入工具前臂的沟槽中，光纤顶端位于工具前臂标尺的 8mm 刻度处（±0.5mm），如图 7-74 所示。

6）在光纤上做出切断。保持光纤所在的位置不动，松开工具后臂使光纤被压住并且牢固，保持工具前臂平稳，轻轻地按压工具刀头在光纤上做出刻痕，松开工具刀头，如图 7-75 所示。为避免光纤受损，不要过于用力地按压工具刀头，工具刃部边缘只能接触到光纤。

7）断开切断的光纤末端。保持光纤的位置不动，慢慢地弯曲工具前臂，使光纤在做刻痕的部位断开，如图 7-76 所示。不要触摸切断的光纤末端，否则光纤会被污染，也不要清洁切断的光纤末端。

为避免工具舌部受损，不要弯曲舌部超过 45°。

（3）做压接工作

1）被切断的光纤末端与固定器的前端保持水平对齐。张开光纤固定器的夹子，将处理好的光纤放到夹子里，移动光纤，使被切断的光纤末端与固定器的前端保持水平对齐，固定缓冲层的位置，松开夹子，如图 7-91 所示。

2）光纤末端在连接器中。小心地将光纤插入连接器的后部，直到光纤完全进入到插头中不能再深入为止。确认曾经在缓冲层上留下的标记已经进入到连接器中（如果标记没有完全进入，必须重新进行切断光纤的工作）。因光纤弯曲而产生的张力将对连接器内的光纤产生一个向前的推力，如图 7-92 所示。需要注意的是，保持光纤后部给予前部插头内的光纤一个向前的推力是很重要的，要确保在任何时候光纤都不会从插头中滑出。

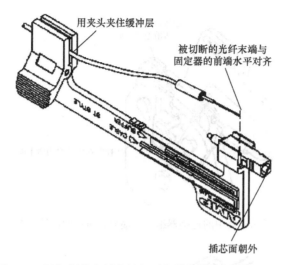

图 7-91　被切断的光纤末端与固定器的前端保持水平对齐

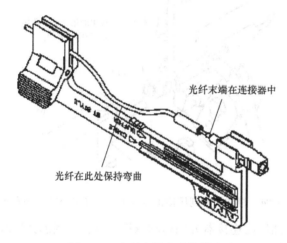

图 7-92　光纤末端在连接器中

握紧压接钳的手柄，直到钳子的棘轮变松，让手柄完全张开，慢慢地闭合钳子，直到听到从棘轮处发出两声"咔嗒"声。

3）将光纤固定器中的连接器组件前端放在压接钳前端的金属小孔凹陷处。将光纤固定器中的连接器组件前端放在压接钳前端的金属小孔凹陷处的上面，如图 7-93 所示。为了避免光纤受损，必须保持位置的精确和遵从箭头的指示。

4）将柱塞放置到压接钳前端第一个（最小的）小孔里。轻轻地朝连接器方向推动光纤，确认光纤仍然在连接器底部的位置，然后慢慢地握紧压接钳的手柄直到棘轮变松，再让手柄完全张开，从钳子上拿开连接器组件。将连接器的柱塞放置到压接钳前端第一个（最小的）小孔里，柱塞的肩部顶在钳子沟槽的边缘，朝向箭头所指的方向，如图 7-94 所示。

慢慢地握紧压接钳的手柄，直到钳子的棘轮变松，让手柄完全张开，再从钳子上拿开连接器组件。

5）使加强层纤维的末端和压接套管的底部顶住连接器。向后移动压接套管，直到将加

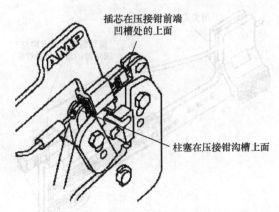

图 7-93　将光纤固定器中的连接器组件前端放在压接钳前端的金属小孔凹陷处

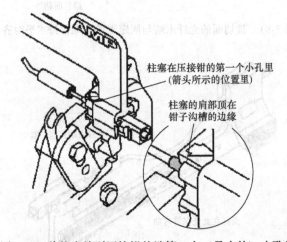

图 7-94　将柱塞放到压接钳前端第一个（最小的）小孔里

强层纤维完全释放开，然后向连接器方向移动压接套管，直到加强层纤维的末端和压接套管的底部顶住连接器，如图 7-95 所示。

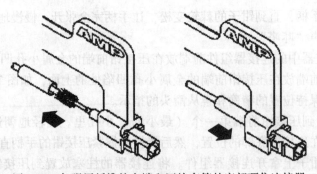

图 7-95　加强层纤维的末端和压接套管的底部顶住连接器

6）将压接套管顶到压接钳前端小孔凹陷的地方。将压接套管顶到压接钳前端小孔凹陷的地方，并确认连接器已经被顶住了。移动压接套管直到压接钳闭合的时候使其进入到小孔中，如图 7-96 所示。慢慢握紧压接钳的手柄直到钳子的棘轮变松，让手柄完全张开。

图 7-96　将压接套管顶到压接钳前端小孔凹陷的地方

7）装上防尘帽。装上防尘帽，平稳地向前推动护套使其粗的一端顶到连接器底部，如图 7-97 所示。从线缆固定模板上拿开连接器组件。

8）将外壳套在组件上。保持连接器外壳与连接器组件斜面的边缘水平，平稳地将外壳套在组件上直到听到发出"啪"的一声为止，如图 7-98 所示。安装时，不要用很大的力量强行地将这些组件连接在一起，只需照上述方法操作即可，它们是针对这种安装方法而特别设计的。至此，外皮直径为 2.5～3mm 的单芯光缆的端接就完成了。

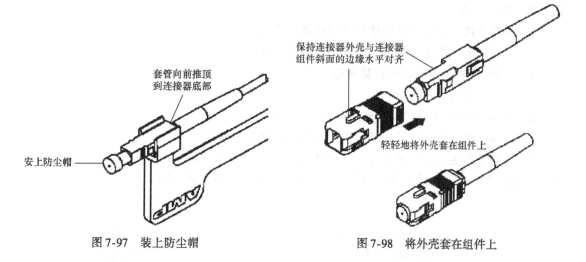

图 7-97　装上防尘帽　　　　　　　　图 7-98　将外壳套在组件上

7.7.5　光纤熔接技术

1. 光纤熔接技术概述

光纤熔接（光纤接续）是一种相当成熟的技术，已被广泛应用，但熔接的基本技术没有改变，只是在其他方面已经取得了极大进展，变得更简单、更快速、更经济。熔接机的功能就是把两根光纤准确地对准光芯，然后把它们熔接在一起，形成一根无缝的长光纤。光纤熔接机的外观如图 7-99 所示。

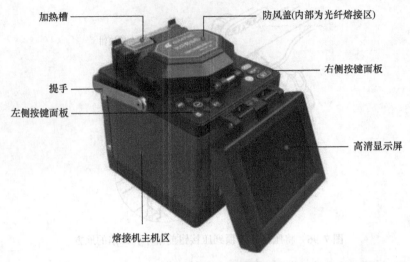

加热槽

防风盖(内部为光纤熔接区)

右侧按键面板

提手

左侧按键面板

高清显示屏

熔接机主机区

图 7-99　光纤熔接机

光纤熔接工作不仅需要专业的光纤熔接机,还需要熔接工具。熔接工具的工具箱如图 7-100 所示。

2. 光纤熔接工作的环节

光纤熔接工作需要以下 3 个环节。

1) 光纤熔接前的预备工作。光纤熔接前,首先要预备好光纤熔接机、光纤熔接工具箱、熔接的光纤等。

2) 光纤熔接。将光纤放置在光纤熔接器中熔接。

3) 放置固定。通过光纤箱来固定熔接后的光纤。

3. 光纤熔接机熔接光纤的具体操作

(1) 光纤熔接的准备工作

光纤熔接的准备工作需要重点注意如下 5 点内容:

1) 预备好光纤熔接机、光纤熔接工具箱、熔接的光纤等。

2) 开剥光缆去皮,分离光纤。开剥光缆去皮,长度取 1m 左右,如图 7-101 所示。对开剥去皮的光缆用卫生纸将油膏擦拭干净,将光缆穿入接续盒内,固定时一定要压紧,不能有松动。

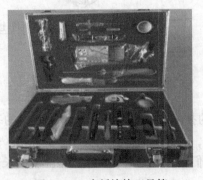

图 7-100　光纤熔接工具箱

图 7-101　光缆开剥

对开剥的光缆去皮后，分离光纤，接着使用去保护层光纤工具将光纤内的保护套去掉。

3）光纤护套的剥除。剥除光纤护套，操作时要"平、稳、快"。

"平"：要求持纤要平。左手拇指和食指捏紧光纤，使之呈水平状，所露长度以 5cm 为准，余纤在无名指、小拇指之间自然打弯，以增加力度，防止打滑。

"稳"：要求剥纤钳要握得稳，不能打颤、晃动。

"快"：要求剥纤要快，剥纤钳应与光纤垂直，上方向内倾斜一定角度，然后用钳口轻轻卡住光纤，右手随之用力，顺光纤轴方向向外推出去，尽量一次剥除彻底，如图 7-102 所示。

观察光纤剥除部分的护套是否全部剥除，若有残留，应重新剥除。如有极少量不易剥除的护套，可用棉球蘸适量酒精，一边浸渍，一边逐步擦除。然后用纸巾蘸上酒精，擦拭清洁每一根光纤，如图 7-103 所示。

图 7-102　剥除光纤的护套

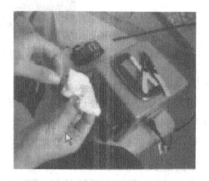

图 7-103　擦拭清洁每一根光纤

4）给光纤套热缩管。清洁完毕后，要给需要熔接的两根光纤各自套上光纤热缩管。

5）打开熔接机电源，选择合适的熔接方式，熔接机系统待机。

打开熔接机电源后，出现"Install Program"界面，提示安装程序，如图 7-104 所示。

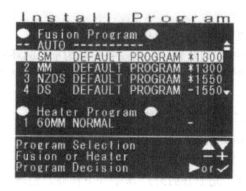

图 7-104　熔接机出现的"Install Program"界面

具体操作方法如下：

① 在熔接程序中按△或▽来显示画面。

② 按 + 或 - 将熔接程序切换到加热程序。然后按△或▽切换到熔接程序。

③ 按▷或√确认选择。

④ 机器重置到初始状态，准备开始操作。

⑤ 一旦 S176 型光纤熔接机开机，电弧检查程序结束后，就会出现系统待机画面。重置操作完成后，机器发出"嘟嘟"声，同时 LCD 监视器上显示"READY"，如图 7-105 所示。

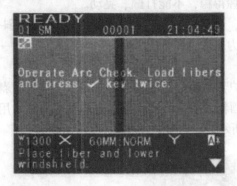

图 7-105　待机画面

● 快捷键：

■键是标记一项功能的快捷键，按一下它就可以跳到此功能。×键也是快捷键，可以直接从当前屏幕返回系统待机画面。对一项功能做了标记后，在系统待机画面上就会出现标志。在标记一项新的功能之前要删除该功能。

● 如何删除一项功能：

按住■键，直到在系统待机画面上出现■标志，这需要 6s。

● 如何标记一项功能：

用△键、▽键找到希望标记的功能。

如果当前功能可以被标记，▽标志就会出现在屏幕的右下角。

按△键，如果听到蜂鸣声表示此功能已经被标记成功。

(2) 光纤熔接工作

光纤熔接工作需要重点注意如下 3 点内容：

1) 裸纤的切割。裸纤的切割是光纤端面制备中最为重要的环节，切刀有手动和电动两种。熟练的操作者在常温下进行快速光缆接续或抢险时，宜采用手动切刀。手动切刀的操作简单，操作人员清洁光纤后，用切割刀切割光纤。需注意以下几点：

● 用切割刀切割 $\phi 0.25mm$ 的光纤：切割长度为 8~16mm。

● 用切割刀切割 $\phi 0.9mm$ 的光纤：切割长度为 16mm。

● 切割后绝不能清洁光纤。

电动切刀切割质量较高，适宜在野外严寒条件下作业，但操作较复杂，要求裸纤较长，初学者或在野外较严寒条件下作业时，宜采用电动切刀。进行裸纤切割前，首先清洁切刀和调整切刀位置，切刀的摆放要平稳，切割时，动作要自然、平稳、勿重、勿轻，避免断纤、斜角、毛刺及裂痕等不良端面的产生。

2) 放置光纤。将切割后的光纤放在熔接机的 V 形槽中，放置时光纤端面应处于 V 形槽 (V - groove) 端面和电极之间。需注意以下几点：

● 不要使用光纤的尖端穿过 V 形凹槽。

- 确保光纤尖端被放置在电极的中央、V 形凹槽的末端。
- 只在使用 900μm 厚度覆层的光纤时使用端面板。250μm 厚度覆层的光纤不使用端面板。
- 熔接两种不同类型的光纤时，不需要考虑光纤的摆放方向，也就是说，每种光纤都可以摆放在 S176 熔接机的左边或者右边。
- 轻轻地盖上光纤压板，然后合上光纤压脚。
- 盖上防风罩。

3) 按▷键开始熔接。

(3) 取出熔接的光纤

1) 取出光纤前先抬起加热器的两个夹具。

2) 抬起防风罩，对光纤进行张力测试 (200g)。测试过程中，屏幕上会出现"张力测试"字样。

3) 等到张力测试结束后，在移除已接合光纤之前会显示出"取出光纤"字样。2s 后"取出光纤"会变为"放置光纤"。同时，S176 熔接机会自动为下一次接合重设发动机。

4) 取出已接合光纤，轻轻牵引光纤，将其拉紧。

注意：小心处理已接合光纤，不要将光纤扭曲。熔接光纤时要随时观察熔接中有无纤芯轴向错位、纤芯角度错误、V 形槽或者光纤压脚有灰尘、光纤端面质量差、纤芯台阶、纤芯弯曲、预放电强度低或者预放电时间短、气泡、过粗、过细、虚熔、分离等不良现象，注意 OTDR 测试仪表的跟踪监测结果，及时分析产生上述不良现象的原因，必要时重新熔接。

产生不良现象的原因，大体可分为光纤因素和非光纤因素。

光纤因素是指光纤自身因素，主要有以下几点：

- 光纤模场直径不一致。
- 两根光纤芯径失配。
- 纤芯截面不圆。
- 纤芯与包层同心度不佳。

其中光纤模场直径不一致影响最大，单模光纤的容限标准如下：

- 模场直径：(9 ~ 10μm) ±10%，即容限约 ±1μm。
- 包层直径：125μm ±3μm。
- 模场同心度误差 ≤6%，包层不圆度 ≤2%。

非光纤因素即接续技术非光纤因素，主要有以下几点：

- 轴心错位：单模光纤纤芯很细，两根对接光纤轴心错位会影响接续损耗。当错位 1.2μm 时，接续损耗达 0.5dB。
- 轴心倾斜：当光纤断面倾斜 1° 时，约产生 0.6dB 的接续损耗，如果要求接续损耗 ≤0.1dB，则单模光纤的倾角应 ≤0.3°。
- 端面分离：活动连接器的连接不好，很容易产生端面分离，造成连接损耗较大。当熔接机放电电压较低时，也容易产生端面分离，此情况一般在有拉力测试功能的熔接机中可以发现。
- 端面质量：光纤端面的平整度差时也会产生损耗，甚至出现气泡。

- 接续点附近光纤物理变形：光缆在架设过程中的拉伸变形、接续盒中夹固光缆的压力太大等，都会对接续损耗有影响，甚至熔接几次都不能改善。
- 其他因素的影响：接续人员操作水平、操作步骤、盘纤工艺水平、熔接机中电极清洁程度、熔接参数设置、工作环境清洁程度等均会对其有影响。

不良现象产生的原因和解决办法见表 7-14。

表 7-14 不良现象产生的原因和解决办法

现象原因	解决办法
纤芯轴向错位	V 形槽或者光纤压脚有灰尘，清洁 V 形槽和光纤压脚
纤芯角度错误	V 形槽或者光纤压脚有灰尘，清洁 V 形槽和光纤压脚
光纤端面质量差	检查光纤切割刀是否工作良好
纤芯台阶	V 形槽或者光纤压脚有灰尘，清洁 V 形槽和光纤压脚
纤芯弯曲，光纤端面质量差	检查光纤切割刀是否工作良好
预放电强度低或者预放电时间短	增大预放电强度或增大预放电时间
模场直径失配，放电强度太低	增大放电强度或放电时间
灰尘燃烧，光纤端面质量差	检查切割刀的工作情况
在清洁光纤或者清洁放电之后灰尘依然存在	彻底地清洁光纤或者增加清洁放电时间
气泡，光纤端面质量差	检查光纤切割刀是否工作良好
光纤分离	光纤推进量太小，做电动机校准试验
预放电强度太高或者预放电时间太长	降低预放电强度或减少预放电时间
过粗	光纤推进量太大，做电动机校准试验
过细	放电强度不合适，做放电校正
放电参数不合适	调整预放电强度、预放电时间或者光纤推进量

（4）套热缩管

在确保光纤熔接质量无问题后，套热缩管。

1）将热缩管中心移至光纤熔接点，然后放入加热器中。
- 要确保熔接点和热缩管都在加热器中心。
- 要确保金属加强件处在下方。
- 要确保光纤没有扭曲。

2）用右手拉紧光纤，压下接合后的光纤以使右边的加热器夹具可以压下去。

3）关闭加热器盖子。

4）加热。
- 按 ⋀⋀ 按钮激活加热器。LCD 监视器在加热程序中会显示出加热的过程，如图 7-106 所示。当加热和冷却操作结束后就会听到"嘟嘟"声。
- 加热指示灯亮着的时候，按 ⋀⋀ 按钮，加热过程就会停止，冷却过程立刻开始。再次按下该按钮，冷风扇也会停止。当环境温度低于 −5℃ 时，加热时间就会自动延长 30s。
- 从加热器中移开光纤，检查热缩管以查看加热结果。

Heating up ──────▶ Heating time count down ──────▶ Cooling

图 7-106　热缩管加热过程

加热时，热缩管一定要放在正中间，加一定张力，防止加热过程出现气泡、固定不充分等现象。要强调的是，加热过程和光纤的熔接过程可以同时进行，加热后拿出热缩管时，不要用手直接接触加热后的部位，因为温度很高。

（5）整理碎光纤头

对碎光纤头进行整理，把不用的废料进行安全处理。

（6）放置固定

将套好光纤热缩管的光纤放置固定在光纤箱中。

目前，市场上最快的熔接机能在 9～10s 内完成纤芯熔接，加热收缩保护层需要 30～35s，熔接的总时间可减少到 40～45s。

7.8　光纤连接安装技术

7.8.1　光纤布线的元件——线路管理件

光纤布线元件中的线路管理件主要包括以下几部分：

1）交连硬件。

2）光纤交连场。

3）光纤交连部件管理/标记。

4）推荐的跨接线长度。

5）光纤互连场。

6）其他机柜附件。

现分别叙述如下。

1. 交连硬件

光纤互连装置（LIU）硬件是 SYSTIMAX PDS 中的标准光纤交连设备，该设备除了支持连接器以外，还直接支持束状光缆和跨接线光缆设计。

LIU 硬件包括以下部件：

1）100A 光纤互连装置（LIU）：可完成 12 个光纤端接。该装置宽为 190.5mm（7.5in），长为 222.2mm（8.75in），深为 76.2mm（3.0in）。

2）10A 光纤连接器面板：可安装 6 个 ST 耦合器。该面板安装在 100A LIU 上开挖的窗口上。

100A LIU 光纤互连装置如图 7-107 所示。

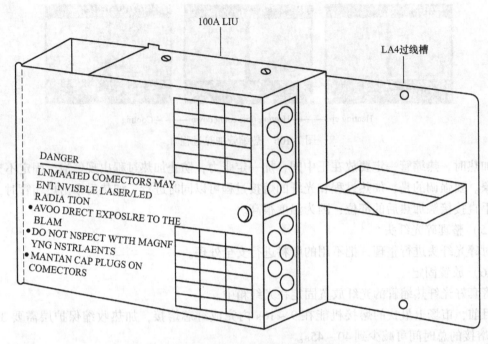

100A LIU

LA4过线槽

DANGER
LNMAATED COMECTORS MAY
ENT NVISBLE LASER/LED
RADIA TION
• AVOO DRECT EXPOSLRE TO THE
BLAM
• DO NOT NSPECT WTTH MAGNF
YNG NSTRLAENTS
• MANTAN CAP PLUGS ON
COMECTORS

图 7-107　100A LIU 光纤互连装置

3）200A 光纤互连装置：可完成 24 个光纤端接。该装置宽为 190.5mm（7.5in），长为 222.2mm（8.75in），深为 100mm（4in）。

4）400A 光纤互连装置：可容纳 48 根光纤、24 个绞接和 24 个端接。该装置利用 ST 连接器面板来提供 STII 连接器所需的端接能力，其门锁增加了安全性。该装置高 280mm（11in），宽 430mm（17in），深 150mm（6in）。

为了便于使用，下面把各类型的光纤互连装置（LIU）硬件进行了归纳，见表 7-15。

表 7-15　光纤互连装置（LIU）硬件

光纤互连部件类型	连接器				交连		物理尺寸		
	面板	数量	类型	数量	每面垂直过线槽	每面水平过线槽	宽/cm（in）	高/cm（in）	深/cm（in）
100A	10A	2	STII	6	1A4/1A8	1A6/1A8	19.05（7.5）	22.22（8.75）	7.62（3.0）
	10SC1	2	SG（SGL）	6	1A4/1A8	1A6/1A8			
	10SC2	2	SC（Duplex）	3	1A4/1A8	1A6/1A8			
	ESCON	2	ESCON	3	A4F	A6F			
	FDDI	2	FDDI	3	A4F	A6F			
200A	10A	4	STII	12	2A4/2A8	2A6	19.05（7.5）	22.22（8.75）	10（4.0）
	10SC1	4	SG（SGL）	12	2A4/2A8	2A6			
	10SC2	4	SC（Duplex）	6	2A4/2A8	2A6			
	ESCON	4	ESCON	6	A4F	A6F			
	FDDI	4	FDDI	6	A4F	A6F			

（续）

光纤互连部件类型	连接器				交连		物理尺寸		
	面板	数量	类型	数量	每面垂直过线槽	每面水平过线槽	宽/cm（in）	高/cm（in）	深/cm（in）
200B	1000ST	4	STII	12			43.18（17）	32（12.6）	13.34（5.25）
	1000SC	4	SC	12					
	2000ESCON	4	ESCON	6					
	2000FDDI	4	FDDI	6					
400A	1000ST	8	STII	48			28（11）	43（17）	15（6）
	1000SC	8	SC	48					
	2000ESCON	8	ESCON	24					
	2000FDDI	8	FDDI	24					

2. 光纤交连场

光纤交连场可以使每一根输入的光纤通过两端均有套箍的跨接线光缆连接到输出光纤，光纤交连由若干个模块组成，每个模块端接 12 根光纤。

图 7-108 所示的光纤交连场模块包括一个 100A LIU、两个 10A 连接器面板和一个 1A4 跨接线过线槽（如果光纤交连模块不止 1 列，则还需配备 1A6 捷径过线槽）。

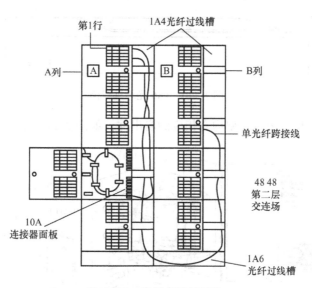

图 7-108　光纤交连场模块

一个光纤交连场可以将 6 个模块堆积在一起（从地板算起的 LIU 顶部的最大高度为 127.2mm（68in））。如果需要附加端接，则要用 1A6 捷径过线槽将各列 LIU 相互连接在一起。

一个光纤交连场最多可扩充到 12 列，每列 6 个 100A LIU。每列可端接 72 根光纤，因而一个全配置的交连场可容纳 864 根光纤，占用的墙面面积为 3.51m × 1.42m（11.6ft × 4.8ft）。

　　与光纤互连方法相比，光纤交连方法较为灵活，但它的连接器损耗会增加 1 倍。

　　1A4 光纤过线槽（跨接线过线槽）和 1A6 光纤过线槽（捷径过线槽）均用于建立光纤交连场，其主要功能是保持光纤跨接线。

　　1A4 跨接线过线槽（垂直过线槽）宽 101.6mm（4in），高 222.2mm（8.75in），如图 7-109 所示。

　　1A6 过线槽（水平过线槽）宽 292.1mm（11.5in），高 101.6mm（4in），如图 7-110 所示。

　　1A8 是垂直铝制过线槽，配有可拆卸盖板，以加强对光纤跨接线的机械保护。该面板的深度与 100A 面板相同，不同于 200A 面板。

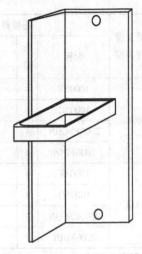

图 7-109　1A4 光纤过线槽

　　在光纤交连的 100A 或 200A 光纤互连装置中，还有一个成品扇出件。扇出件专门与 100A 或 200A 中 OIU/OCU 配用，使带阵列连接器的光缆容易在端接面板处变换成 12 根单独的光纤。标准扇出件是一个带阵列连接器的带状光缆，它的另一端分成 12 根带连接器的光纤。每根光纤都有特别结实的缓冲层，以便在操作时得到更好的保护。标准扇出件的长度为 1828.8mm（72in），其中 1219.2mm（48in）是带状光缆，609.6mm（24in）为彼此分开的单独光纤。

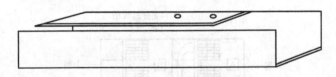

图 7-110　1A6 光纤过线槽

　　所有 AT&T 光纤和连接器类型均有相应的扇出件，如图 7-111 所示。

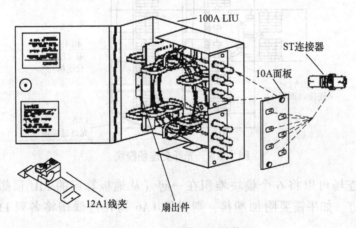

图 7-111　扇出件所在的位置

3. 光纤交连部件管理/标记

　　光纤端接场按功能管理，它的标记分为两级，即 Level 1 和 Level 2。

Level 1 互连场，允许一个直接的金属箍把一根输入光纤与另一根输出光纤连接。这是一种典型的点到点的光纤连接，通常用于简单的发送器到接收器之间的连接。

Level 2 交连场，允许每一条输入光纤通过单光纤跨接线连接到输出光纤。

4. 推荐的跨接线长度

AT&T 公司对跨接线有要求，表 7-16 给出了用于光纤交连模块跨接线的 1860A 单光纤（62.5μm /125μm）互连光缆的推荐长度。

表 7-16　推荐的跨接线长度

交连模块数	交 连 列 数	1860A 光缆长度/mm（in）
1	1	600（2）
2	1	1200（4）
4	1	1200（4）
6	1	1200（4）
8	2	1200（8）
12	2	3000（10）
12	3	3000（10）
16	4	450（15）
18	3	4500（15）
24	4	6000（20）
30	5	7500（25）
36	6	9000（30）

这种长度的光缆有预先接好 STII 连接器的，也有在现场安装连接器的。

5. 光纤互连场

光纤互连场使得每根输入光纤可以通过套箍直接连至输出光纤上。光纤互连场包括若干个模块，每个模块允许 12 根输入光纤与 12 根输出光纤连接起来。

如图 7-112 所示，一个光纤互连模块包括两个 100A LIU 和两个 10A 连接器面板。

6. 其他机柜附件

在光纤安装过程中，机柜部件如图 7-113 所示。

（1）12A1 缆夹

12A1 缆夹是为了保证安全，把出厂时已端接的带状光缆连至一列 100A LIU 上方的底板处接地。安装架、塑料夹和接地连接器均预先装配好。

（2）1A1 固定器

1A1 固定器提供了在 10A LIU 内部安装扇出件所需的空间。它包括两个阵列连接器外套和一个扇出件安装螺钉。

（3）1A1 适配器

1A1 适配器引导和保护光纤从缆夹延伸到相邻的两列 100A LIU。1A1 适配器包括一个管道、一个 T 形接头、一个 90°弯头、两个导片和安装螺钉。

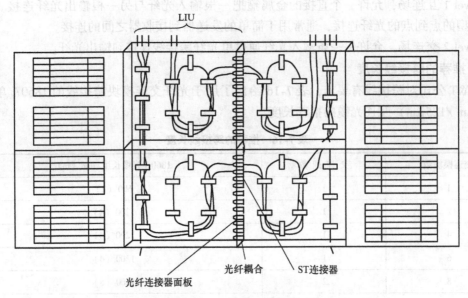

图 7-112　光纤互连模块

a) 12A1缆夹　　　　　　　　　　b) 1A1固定器

c) 1A1适配器

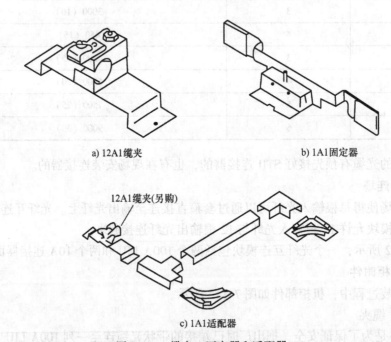

图 7-113　缆夹、固定器和适配器

7.8.2　LCGX 光纤交叉连接系统

　　LCGX 光纤交叉连接系统由 LCGX 光纤交叉接线架及有关的设备组成,用于连接各控制点。LCGX 光纤交叉接线架的特点如下:

1) 提供编制方式和统一方式的交叉接线架。

2) 可提供 20 条光缆的端子和接地点。

3）设计紧凑（57.5cm），采用壁挂式，节省墙壁的有效面积。

4）产品按框架进行模块化设计，用户可根据需要以框架进行扩充。

5）大容量——576 条/每个接线板；11520 线/每组排列接线板。

6）可以适应各种各样的连接器和接头。

7）连接器周围有足够的空间，便于接线操作。

OSP 光缆与 LGBC 光缆的接线方法如下：

在建筑物缆线入口区安装一个光缆进室设备（LCEF）箱，在此箱内完成 OSP 光缆与 LGBC 光缆的接续，然后将 LGBC 光缆连到设备间的 LCGX 接线框架，再敷设到整个大楼中去，以满足防火雷击的规定，如图 7-114 所示。

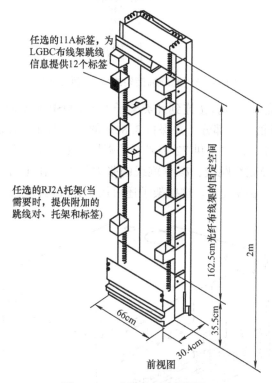

图 7-114 光纤交叉连接框架

光纤交叉连接框架利用大小不同的凸缘网络架来组成框架结构。光纤交叉连接架装备了靠螺栓固定的夹子，以便引导和保护光缆，各种模块化的隔板可以容纳所有的光缆、连接器和接合装置，同时也用作接合和端接。装上了模块化隔板的光纤交叉连接框架可以成排装在一起，或者逐步增加而连成一排。

7.8.3 光纤连接架

光纤端接架（盒）是光纤线路端接和交连的地方。它的模块化设计允许把一个线路直接连到一个设备线路或利用短的互连光缆把两条线路交连起来，可用于光缆端接，带状光缆、单根光纤的接合以及存放光纤的跨接线。它还很容易满足于"只接合"和"捷径过线"的需求。

所有的光纤架均可安装在 19in 或 23in 的标准框架上，也可直接挂在设备间或配线间的墙壁上。设计时，可根据功能和容量选择连接器。

1. 光纤端接架

AT&T 光纤端接架的型号编码方法如图 7-115 所示。

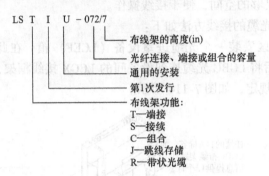

图 7-115　光纤端接架的型号编码方法

LGBC 光缆或 OSP 光缆均可直接连到此类架子上去。OSP 光缆最多连 4 根（每个侧面两根），该架还能存放光纤的松弛部分，并保持 3.8cm 的最小弯曲半径。架子上可安装标准的（支持 6 组件）嵌板 12 个，故可提供 72 根光纤的端接容量。在正面（前面）通道中装上塑料保持环（一行）以引导光纤跳线，减少跳线的张力强度，在正面的前面板处提供有格式化标签的纸用来记录光纤端接位置。这些架子还可用于光纤的接续，如图 7-116 所示。

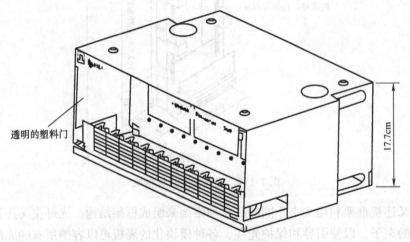

图 7-116　LSTIU - 072/7 光纤端接架

2. 光纤组合柜

光纤组合柜采用支架安装，采用拉出式抽盘设计，可作为多至 24 条 ST、24 条 SC 或 12 双工式 SC 接头终端。当用作拼接盘时，其多功能设计可容纳多至 24 个拼接、32 个独立融合拼接或 12 个大量融合拼接。组合柜本身含有一个滑动式抽盘，其中包含两个 76mm 的存储轴及两个防水电缆扣锁开口，它可以保证足够的光纤弯曲半径。用户也可自行加上拼接组织器件，光纤组合柜也有两个纤维制造的、可自动上锁的滑架，可把组合柜从架框上拉开，方便存取；组合柜本身则以两个钢制的托架装在支架上。

7.8.4 光纤交连场的设计

1. 单列交连场

安装 1 列交连场,可把第一个 LIU 放在规定空间的左上角。其他的扩充模块放在第一个模块的下方,直到 1 列交连场总共达到 6 个模块,在这 1 列的最后一个模块下方应增加一个 1A6 光纤过线槽。如果需要增加列数,每个新增加列都应先增加一个 1A6 过线槽,并与第 1 列下方已有的过线槽对齐。

2. 多列交连场

安装的交连场不止一列,应把第 1 个 LIU 放在规定空间的最下方,而且先给每 12 行配上一个 1A6 光纤过线槽,把它放在最下方 LIU 的底部,至少应比楼板高出 30.48cm。6 列 216 根光纤交连场的扩展次序如图 7-117 所示。

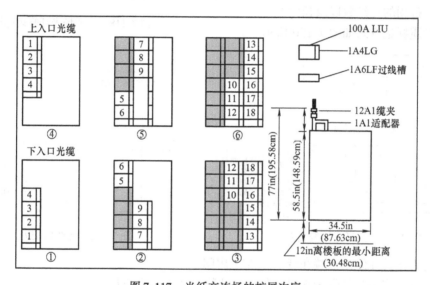

图 7-117 光纤交连场的扩展次序

在安装时,同一水平面上的所有模块应当对齐,避免出现偏差。

7.8.5 光纤连接管理

按照光纤端接功能进行管理,可将管理分成两级,即分别标为第 1 级和第 2 级。

第 1 级互连场允许利用金属箍,把一根输入光纤直接连到一根输出光纤。这是典型的点对点的光纤链路,通常用作简单的发送端到接收端的连接。

第 2 级交连场允许每根输入光纤可通过一根光纤跨接线连到另外一根输出光纤。

交连场的每根光纤上都有两种标记:一种是非综合布线系统标记,它标明该光纤所连接的具体终端设备;另一种是综合布线系统标记,它标明该光纤的识别码,如图 7-118 所示。

每根光纤标记应包括以下两大类信息:

1) 光纤远端的位置:

● 设备位置。

● 交连场。

● 墙或楼层连接器。

2）光纤本身的说明：

● 光纤类型。

● 该光纤所在的光缆的区间号。

● 离此连接点最近处的光纤颜色。

每根光纤标记编制方式，如图 7-119 所示。

除了各个光纤标记提供的信息外，每条光缆上还有标记，以提供如下信息：

1）远端的位置。

2）该光缆的特殊信息，包括光缆编号、使用的光纤数、备用的光纤数以及长度。

每条光缆标记方式如图 7-120 所示。

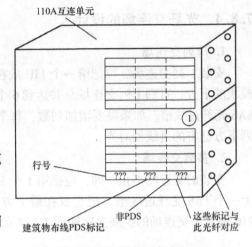

图 7-118　交连场光纤管理标记

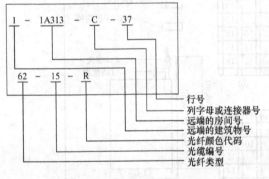

图 7-119　光纤标记编制方式

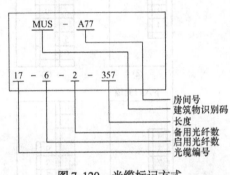

图 7-120　光缆标记方式

第 1 行表示此光缆的远端在音乐厅 A77 房间。

第 2 行表示启用光纤数为 6 根，备用光纤数为 2 根，光缆长度为 357m。

7.9　吹光纤布线技术

7.9.1　吹光纤布线技术概述

吹光纤布线技术是一个全新的布线理念和完整的光纤布线系统。吹光纤布线的概念早在 1982 年就提出了，英国电信发明了吹光缆的技术，并注册了专利。吹光纤技术布线的思想是：预先敷设特制的空管道（塑料管），建造一个低成本的网络布线结构，在需要安装光纤时，再将光纤通过压缩空气吹入到空管道内。通常包括 2 ~ 12 芯，典型的如 8 芯，后经改进成为如今的高性能光纤单元 EPFU（Enhanced Performance Fiber Unit）。EPFU 或者微型光缆（典型如 48 芯）均可被吹入以高密度聚乙烯（HDPE）制成的微型管道中。根据应用环境不同，管道直径对 EPFU 而言可为 5mm 左右，对微缆而言可为 5 ~ 12mm，并可堆叠在一起而构成一个微型导管阵列。工作气压大约为 8bar（1bar = 10^5Pa），最大传送距离约为 1km，典型安装速度为 0.7m/s（对单个光纤束）和 1.5m/s（对微型光缆）。目前已经有国际标准对气吹光缆进行规范，例如 IEC 60794 - 3 - 50。

　　吹光纤技术主要是提高长途干线光缆的敷设效率，降低人工费用。而局域网络的吹光纤技术是 1987 年由英国奔瑞有限公司发明的，奔瑞公司同时注册了吹单芯光纤的专利。奔瑞公司在 1988 年完成了第一次室内吹光纤的安装，1993 年正式将吹光纤商品化。

　　目前 ITU 和 IEC 均开始研究在已经存在的地下基础设施中（如下水管道、水管等）如何安装接入网光缆或住宅区光缆，特别是无破坏安装技术。下水管道中的安装技术就是其中之一，此技术主要安装过程如下：

　　1）自动小车（机器人）进入下水管道内，小车上安装电视摄像头，监视下水管道内的情况。

　　2）机器人在下水管道内安装光缆夹持环。

　　3）机器人将已保护好的光缆导管插入夹持环的夹子中，若导管中没有光缆，则使用相关技术在导管中安装光缆。

　　吹光纤布线技术从 1997 年进入我国（新华社和上海浦东陆家嘴的上海证券交易所），近几年已在我国多条干线光缆工程中普遍采用，但其施工方法均为在一根直径约 40mm 的硅芯管中不分缆径大小只吹送一条光缆。

　　作为一个新型的技术，经过 30 多年的不断发展，吹光纤系统已经从一个新生事物发展成为光纤应用系统中的重要组成部分。吹光纤系统的应用不仅已经成熟、可靠，而且经过多年的考验，证明它是完全稳定的。

　　吹光纤是一种全新的光纤布线理念和"分期付款"方式的光纤布线方案。吹光纤不仅可以将光纤吹入微管，还可以将光纤吹出微管，以便进行光纤的扩容和升级工作。由于每一根空微管最多都可以容纳 8 芯光纤，当需要进行光纤扩容和升级时，可以将旧有光纤先吹出（吹出的光纤仍然可以使用，并没有什么浪费），然后将新的光纤吹入即可。

7.9.2　吹光纤系统的组成

　　吹光纤系统由微管（硅芯管）、集束管（微管组）、吹光纤纤芯、附件和安装设备组成。

1. 微管（硅芯管）

　　高密度聚乙烯（HDPE）硅芯管是由 3 台挤出机将 HDPE 树脂和硅胶塑料共同挤出，而形成一种内壁带有固体润滑层，外带彩色识别条纹的管道。硅胶塑料是一种新型功能性专用料，摩擦因数小，耐高温，对敷设光电缆有利。HDPE 和硅胶塑料共同挤出时复合成一体，不剥落，不分层。

　　吹光纤的硅芯微管有 5 种规格：5mm、8mm、10mm、12mm 和 14mm（外径）管。8mm、10mm、12mm 和 14mm 管内径较粗，因此吹制距离较远。长飞光纤光缆有限公司和上海哈威管道科技有限公司单根 HDPE 硅芯管道微管规格见表 7-17。

表 7-17　长飞光纤光缆有限公司和上海哈威管道科技有限公司单根 HDPE 硅芯管道微管规格

序号	型　号	外径/mm	内径/mm	平均壁厚/mm
1	φ5/3.5	5	3.5	0.75
2	φ8/6	8	6	1.0
3	φ10/8	10	8	1.0
4	φ12/10	12	10	1.0
5	φ14/12	14	12	1.0

长飞光纤光缆有限公司和上海哈威管道科技有限公司硅芯管如图 7-121 所示。

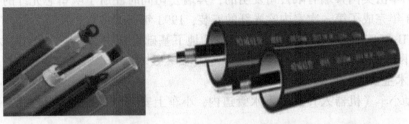

图 7-121　长飞光纤光缆有限公司和上海哈威管道科技有限公司硅芯管

长飞光纤光缆有限公司和上海哈威管道科技有限公司硅芯管的主要技术参数见表 7-18。

表 7-18　长飞光纤光缆有限公司和上海哈威管道科技有限公司硅芯管的主要技术参数

HDPE 微管	
最大牵引负荷	630N
拉伸强度	21.1MPa
断后伸长率	660%
内壁摩擦因数	0.105
环刚度	$>6.3kN/m^2$
纵向收缩率	1.3%
接口连接力	424N

2. 集束管（微管组）

每一个集束管（微管组）可由 2、4 或 7 根微管组成，并按应用环境分为室内及室外两类。值得一提的是，该系统中所有微管外皮均采用阻燃、低烟、不含毒素的材料，在燃烧时不会产生有毒气体。长飞光纤光缆有限公司和上海哈威管道科技有限公司单根集束管规格见表 7-19。

表 7-19　长飞光纤光缆有限公司和上海哈威管道科技有限公司单根集束管规格

序　号	型　号	规　格	备　注
1	JD-01	$\phi10mm \times 7$	
2	JZ-01	$\phi12mm \times 5 + \phi8mm \times 1$	
3	JD-02	$\phi14mm \times 5 + \phi10mm \times 1$	

长飞光纤光缆有限公司和上海哈威管道科技有限公司集束管组合如图 7-122 所示。

长飞光纤光缆有限公司和上海哈威管道科技有限公司单根集束管品种如图 7-123 所示。

长飞光纤光缆有限公司和上海哈威管道科技有限公司单根集束管包装如图 7-124 所示。

集束管工作温度为 −60 ～ +70℃。

3. 吹光纤纤芯

吹光纤纤芯结构与普通光纤相同，如图 7-125 所示。吹光纤单芯纤芯有多模 62.5μm/125μm、50μm/125μm 和单模 8.3μm/125μm 三种。每根 5mm 外径或 8mm 外径的单微管同时最多可吹 8 芯光纤。吹光纤的表皮经特殊涂层处理，质量较轻，更利于吹动光纤。

硅芯集束管 ϕ10/8×7组合

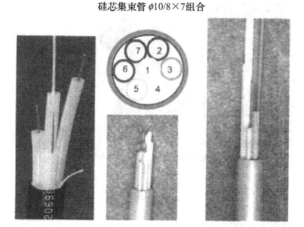

图 7-122　长飞光纤光缆有限公司和上海哈威管道科技有限公司单根集束管组合

直埋管　　直装管　　阻燃管　　加强管

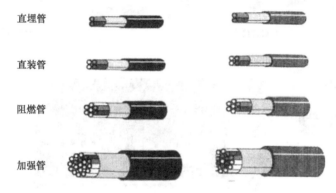

图 7-123　长飞光纤光缆有限公司和上海哈威管道科技有限公司单根集束管品种

图 7-124　长飞光纤光缆有限公司和上海哈威管道
　　　　　科技有限公司单根集束管包装

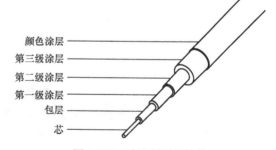

颜色涂层
第三级涂层
第二级涂层
第一级涂层
包层
芯

图 7-125　吹光纤纤芯结构

4. 附件

附件包括墙上和地面出口、墙上出口光纤盒、光纤跳线、微管接头、塑料管、19in 吹光纤配线架、跳线、光纤出线盒、用于微管间连接的陶瓷接头等，如图 7-126 和图 7-127 所示。

光纤出线盒　　接头塞和空接头

微管接头　　　　　　　　　　　　　光纤跳线

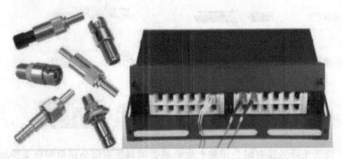

光纤接头　　　　　　　　光纤配线架

图 7-126　吹光纤附件

图 7-127　气吹光纤接头

5. 光纤安装辅助设备

（1）光纤安装时所需要的部分辅助设备

光纤安装时需要的部分辅助设备如图 7-128 所示。

光纤剥皮钳　　　　　　光纤切割刀　　　　　光纤接续辅助工具

图 7-128　光纤安装时需要的部分辅助设备

（2）安装微管路由设备

安装微管路由设备如图 7-129 所示。

（3）吹光纤机设备

吹光纤机设备如图 7-130 所示。

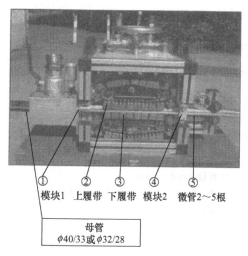

① 模块1　② 上履带　③ 下履带　④ 模块2　⑤ 微管2～5根

母管
ϕ40/33或ϕ32/28

图 7-129　安装微管路由设备

图 7-130　吹光纤机设备

7.9.3　长飞光纤光缆有限公司的气吹微型光缆

（1）长飞光纤光缆有限公司的气吹微型光缆编号

长飞光纤光缆有限公司的气吹微型光缆编号如图 7-131 所示。

（2）长飞光纤光缆有限公司的松套层绞式微型光缆的主要技术参数

长飞光纤光缆有限公司的松套层绞式微型光缆的主要技术参数见表 7-20。

表 7-20　长飞光纤光缆有限公司的松套层绞式微型光缆的主要技术参数

GCYFTY	每管芯数	套管数	总芯数	护套厚度/mm	光缆外径/mm	光缆重量/（kg/km）
4 单元	12	4	48	0.5	5.3	21
5 单元	12	5	60	0.5	5.6	26
6 单元	12	6	72	0.5	6.2	33
8 单元	12	8	96	0.5	7.3	45

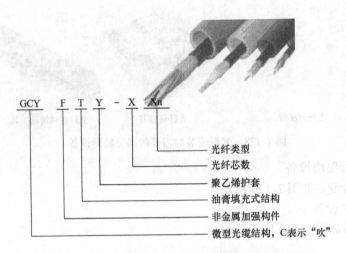

图 7-131　长飞光纤光缆有限公司的气吹微型光缆编号

（3）长飞光纤光缆有限公司的松套层绞式微型光缆的结构

长飞光纤光缆有限公司的松套层绞式微型光缆的结构如图 7-132 所示。

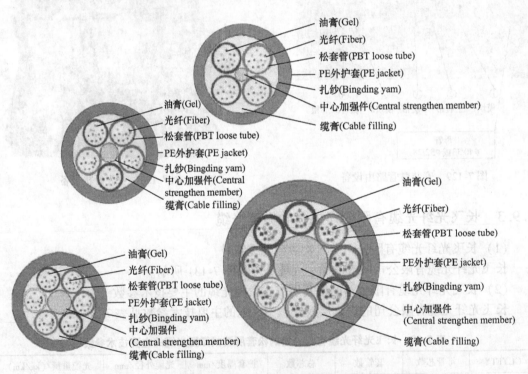

图 7-132　长飞光纤光缆有限公司的松套层绞式微型光缆的结构

（4）长飞光纤光缆有限公司的微型光缆的气吹光纤长度

长飞光纤光缆有限公司的微型光缆的气吹光纤长度见表 7-21。

表 7-21　长飞光纤光缆有限公司的微型光缆的气吹光纤长度

微管内径/mm		气吹长度/m					
		12 芯以下	24 芯	48 芯	60 芯	72 芯	96 芯
水平	3.5	800	500				
	6.0	1600	1200	600			
	8.0	2000	2000	1500	1200	1000	
	10	2200	2000	1600	1500	1200	1000
垂直	3.5	150	120				
	6.0	200	150				
	8.0	280	200	120			

注：1. 气吹敷缆时对气流的要求：压力≥1MPa，流量≥0.3m³/min。
　　2. 芯数较小、较轻的微缆也可用高压气瓶进行敷设。

7.9.4　吹光纤与传统光纤布线综合比较

1. 光纤布线原理的比较

气吹光纤系统的原理是在将要或可能走光纤的位置之间安装一组管道，当需要在网络的两点之间敷设光纤时，首先通过专用的安装器把光纤"吹"入管道，然后再用接头连接光纤。

传统光纤安装的原理是光缆被置入导管或线槽，然后从一点拖至另一点。即使是拥有 288 条光纤的大型光缆的直径也不会超过 1in，比气吹光纤系统中使用的多管道结构要小得多。

2. 对环境湿度和温度的比较

气吹程序对湿度和温度很敏感，不同环境下的气吹性能会有所不同；但是，传统的布线系统就极为稳定，可适应很大的温度变化范围和各种环境条件。

3. 成本或时间上的比较

气吹光纤系统布线安装空管道的成本比较低，但光纤和气吹成本都很高。从初始成本方面看，传统建筑光缆安装的投资要比气吹光纤系统高，但是它需要的接头和连接器并不比气吹光纤系统的多，而且以后的维护费用会更低。气吹光纤系统是"分期付款"方式，最终的安装成本要高于传统光纤系统。气吹光纤系统是分散投资成本，节省投资、避免浪费；传统布线系统是一次性投资。

4. 布线系统维护的比较

传统布线系统几乎不需要维护。气吹光纤分布系统的维护要求有精确的管道分布记录，需要各种专用光缆结合和插入硬件设备、气吹设备以及受过良好培训的安装人员。

5. 从结合和互连角度的比较

从结合和互连的角度讲，气吹光纤系统没有明显的优势。

6. 从冗余链路角度的比较

在传统布线系统中，可以简便地把冗余链路设计到传统布线系统中；但在气吹光纤系统中，不需要冗余链路，只需要预留冗余的空微管即可。

7.10　综合布线系统的标识管理

在综合布线系统设计规范中，强调了管理。要求对设备间、管理间和工作区的配线设备、线缆、信息插座等设施，按照一定的模式进行标识和记录。TIA/EIA－606 标准对布线系统各个组成部分的标识管理做了具体的要求。

布线系统中有五个部分需要标识：线缆（电信介质）、通道（走线槽/管）、空间（设备间）、端接硬件（电信介质终端）和接地。五者的标识相互联系，互为补充，而每种标识的方法及使用的材料又各有各的特点。例如线缆的标识，要求在线缆的两端都进行标识，严格的话，每隔一段距离都要进行标识，而且要在维修口、接合处、牵引盒处的电缆位置进行标识。空间的标识和接地的标识要求清晰、醒目，让人一眼就能注意到。配线架和面板的标识除了应清晰、简洁易懂外，还要美观。从材料上和应用的角度讲，线缆的标识，尤其是跳线的标识要求使用带有透明保护膜（带白色打印区域和透明尾部）的耐磨损、抗拉的标签材料，像乙烯基这种适合于包裹和伸展性良好的材料最好。这样的话，线缆的弯曲变形以及经常的磨损才不会导致标签脱落和字迹模糊不清。另外，套管和热缩套管也是线缆标签的很好的选择。面板和配线架的标签要使用连续的标签，材料以聚酯的为好，可以满足外露的要求。由于各厂家的配线规格不同，有六口的、四口的，所留标识的宽度也不同，标所有标签时，对宽度和高度都要多加注意。

在做标识管理时要注意，电缆和光缆的两端均应标明相同的编号。

7.11　线槽规格和品种以及线缆的敷设

布线系统中除了线缆外，槽管是一个重要的组成部分，可以说，金属槽、PVC 槽、金属管、PVC 管是综合布线系统的基础性材料。在综合布线系统中主要使用的线槽有以下几种情况：

1）金属槽和附件。
2）金属管和附件。
3）PVC 塑料槽和附件。
4）PVC 塑料管和附件。

7.11.1　金属槽和塑料槽

金属槽由槽底和槽盖组成，每根槽一般长度为 2m，槽与槽连接时使用相应尺寸的铁板和螺钉固定。槽的外形如图 7-133 所示。

在综合布线系统中一般使用的金属槽的规格有 50mm × 100mm、100mm × 100mm、100mm × 200mm、100mm × 300mm、200mm × 400mm 等。

塑料槽的外形与图 7-133 类似，但它的品种规格更多，从型号上讲有 PVC－20 系列、PVC－25 系列、PVC－25F 系列、PVC－30 系列、PVC－40 系列、PVC－40Q 系列等。从规格上讲有

图 7-133　槽的外形

20mm×12mm、25mm×12.5mm、25mm×25mm、30mm×15mm、40mm×20mm 等。

与 PVC 槽配套的附件有中间接头、内弯接头、T 形接头、外弯接头、L 形接头、末端接头等。其部分外形如图 7-134 所示，安装图例见表 7-22。

图 7-134　部分槽配套附件

表 7-22　PVC 部分配件安装图例

产品名称	安装图例	产品名称	安装图例	产品名称	安装图例
中间接头		T 形接头		L 形接头	
内弯接头		外弯接头		末端接头	

7.11.2　金属管和塑料管

金属管是用于分支结构或暗埋的线路，它的规格也有多种，外径以 mm 为单位。工程施工中常用的金属管有 D16、D20、D25、D32、D40、D50、D63、D110 等规格。

在金属管内穿线比线槽布线难度更大一些，在选择金属管时要注意管径选择大一些，一般管内填充物占 30% 左右，以便于穿线。金属管还有一种是软管（俗称蛇皮管），供弯曲的地方使用。

塑料管产品分为两大类，即 PE 阻燃导管和 PVC 阻燃导管。

PE 阻燃导管是一种塑制半硬导管，按外径有 D16、D20、D25、D32 这 4 种规格。外观为白色，具有强度高、耐腐蚀、挠性好、内壁光滑等优点，明、暗装穿线兼用，它还以盘为单位，每盘重约为 25kg。

PVC 阻燃导管是以聚氯乙烯树脂为主要原料，加入适量的阻燃剂，经加工设备挤出成形的刚性导管。小管径 PVC 阻燃导管可在常温下进行弯曲，便于用户使用，按外径有 D16、D20、D25、D32、D40、D45、D63、D110 等规格。

与 PVC 管安装配套的附件有接头、螺圈、弯头、弯管弹簧、一通接线盒、二通接线盒、三通接线盒、四通接线盒、开口管卡、专用截管器、PVC 黏合剂等。

7.11.3　桥架

桥架是布线行业的一个术语，是建筑物内布线不可缺少的一个部分。桥架分为普通桥架、重型桥架、槽式桥架。在普通桥架中还可分为普通桥架、直边普通型桥架。

在普通型桥架中，有以下主要配件供组合：梯架、弯通、三通、四通、多节二通、凸弯通、凹弯通、调高板、端向连接板、调宽板、垂直转角连接件、连接板、小平转角连接板、隔离板等。

在直边普通型桥架中有以下主要配件供组合：梯架、弯通、三通、四通、多节二通、凸弯通、凹弯通、盖板、弯通盖板、三通盖板、四通盖板、凸弯通盖板、凹弯通盖板、花孔托盘、花孔弯通、花孔四通托盘、连接板、垂直转角连接板、小平转角连接板、端向连接板护板、隔离板、调宽板、端头挡板等。

重型桥架、槽式桥架在网络布线中很少使用，故不再赘述。

7.11.4　槽管的线缆敷设

槽管的线缆敷设一般有 4 种方法。

1. 采用电缆桥架或线槽和预埋钢管结合的方式

1）电缆桥架宜高出地面 2.2m 以上，桥架顶部距顶棚或其他障碍物不应小于 0.3m，桥架宽度不宜小于 0.1m，桥架内横断面的填充率不应超过 50%。

2）在电缆桥架内缆线垂直敷设时，在缆线的上端应每间隔 1.5m 左右固定在桥架的支架上；水平敷设时，在缆线的首、尾、拐弯处应每间隔 2~3m 进行固定。

3）电缆线槽宜高出地面 2.2m。在吊顶内设置时，槽盖开启面应保持 80mm 的垂直净空，线槽截面利用率不应超过 50%。

4）水平布线时，布放在线槽内的缆线可以不绑扎，槽内缆线应顺直，尽量不交叉，缆线不应溢出线槽，在缆线进出线槽部位、拐弯处应绑扎固定。垂直线槽布放缆线应每间隔 1.5m 固定在缆线支架上。

5）在水平、垂直桥架和垂直线槽中敷设电缆时，应对缆线进行绑扎。绑扎间距不宜大于 1.5m，扣间距应均匀，松紧适度。

设置缆线桥架和缆线槽支撑保护要求：

1）桥架水平敷设时，支撑间距一般为 1~1.5m，垂直敷设时固定在建筑物体上的间距宜小于 1.5m。

2）金属线槽敷设时，在下列情况下设置支架或吊架：线槽接头处、间距 1~1.5m、距离线槽两端口 0.5m 处、拐弯转角处。

3）塑料线槽槽底固定点间距一般为 0.8~1m。

2. 预埋金属线槽支撑保护方式

1）在建筑物中预埋线槽可视不同尺寸，按一层或两层设置，应至少预埋两根以上，线槽截面高度不宜超过 25mm。

2）线槽直埋长度超过 6m 或在线槽路由交叉、转弯时宜设置拉线盒，以便于布放缆线和维修。

3）拉线盒盖应能开启，并与地面齐平，盒盖处应采取防水措施。

4）线槽宜采用金属管引入分线盒内。

3. 预埋暗管支撑保护方式

1）暗管宜采用金属管，预埋在墙体中间的暗管内径不宜超过 50mm；楼板中的暗管内径宜为 15~25mm。在直线布管 30m 处应设置暗箱等装置。

2）暗管的转弯角度应大于 90°，在路径上每根暗管的转弯点不得多于两个，并不应有 S 弯出现。在弯曲布管时，在每间隔 15m 处应设置暗线箱等装置。

3）暗管转弯的曲率半径不应小于该管外径的 6 倍，如暗管外径大于 50mm 时，不应小于 10 倍。

4）暗管管口应光滑，并加有绝缘套管，管口伸出部分应为 25~50mm。

4. 格形线槽和沟槽结合的保护方式

1）沟槽和格形线槽必须沟通。

2）沟槽盖板可开启，并与地面齐平，盖板和插座出口处应采取防水措施。

3）沟槽的宽度宜小于 600mm。

4）敷设活动地板敷设缆线时，活动地板内净空不应小于 150mm，活动地板内如果作为通风系统的风道使用时，地板内净高不应小于 300mm。

5）采用公用立柱作为吊顶支撑时，可在立柱中布放缆线，立柱支撑点宜避开沟槽和线槽位置，支撑应牢固。

6）不同种类的缆线在金属槽内布线时，应同槽分隔（用金属板隔开）布放。金属线槽接地应符合设计要求。

7）干线子系统缆线敷设支撑保护应符合下列要求。

● 缆线不得布放在电梯或管道竖井中。

● 干线通道间应沟通。

● 竖井中缆线穿过每层楼板的孔洞宜为矩形或圆形。矩形孔洞尺寸不宜小于 300mm × 100mm。圆形孔洞处应至少安装三根圆形钢管，管径不宜小于 100mm。

8）在工作区的信息点位置和缆线敷设方式未定的情况下，或在工作区采用地毯下布放缆线时，在工作区宜设置交接箱，每个交接箱的服务面积约为 80cm²。

思考与练习

1. 布线设计人员要选择好的路径时，必须考虑哪些内容？

2. 向下垂放线缆一般有哪些步骤？

3. 双绞线布线时要做标记，做标记的方法有几种？分别是什么？

4. 长距离光缆施工大致分为几个步骤？

5. 光缆布线直埋敷设的要求主要有哪些内容？

6. 如何正确使用光纤熔接机？

7. 在综合布线系统中使用的线槽主要有哪几种？

8. 槽的线缆敷设一般有哪几种方法？

9. 桥架有哪些分类？

参 考 文 献

[1] 雷震甲，严体华，吴晓葵．网络工程师教程 [M]．4版．北京：清华大学出版社，2014．

[2] 潘云．通信网络工程施工技术 [M]．北京：人民邮电出版社，2014．

[3] 黎连业，陈光辉，黎照，等．网络综合布线系统与施工技术 [M]．北京：机械工业出版社，2011．

[4] 谢希仁．计算机网络 [M]．6版．北京：电子工业出版社，2014．

[5] 姚伟．4G基站建设与维护 [M]．北京：机械工业出版社，2015．